マンガでわかる

猫のきもち

ねこまき（ミューズワーク）×今泉忠明

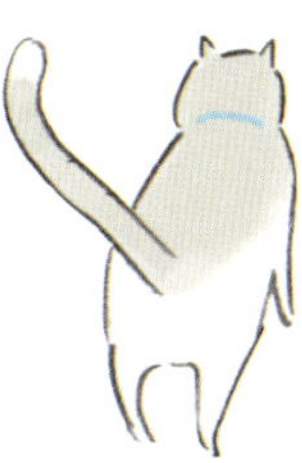

大泉書店

はじめに

この本は、猫を愛する3家族の
猫との生活をのぞき見し、猫の心理について
科学的に解説するものである。

本田家

ユカリ

一人暮らしのアラサー女子。OL。
キナコを溺愛し、時に
ウザがられる。

キナコ

こだわりの強い箱入り娘。
ユカリに時に厳しく、
時に優しく接する。

古川家

トヨキチ

田舎で一人暮らしをする
おじいちゃん。数年前に
妻に先立たれてから
家事もこなす。

コテツ

ややデブ気味のオス猫。
屋外も自由に闊歩。
狩りも得意。

佐藤家

ノブオ

サラリーマンの父。
猫にソファーや布団を
占領されている。

サクラ

しっかり者のメス。
コタローときょうだい。

コタロー

のんびり屋のオス。
サクラときょうだい。

タマコ

ノブオの妻。主婦。
子どもと猫の世話で
毎日大忙し。

ユイ

高校生の娘。
猫の面倒を
よく見ている。

ソウタ

中学生の息子。
サクラとコタローに
同等に見られている。

もくじ

PART1 猫ってわからん

PART2 猫ってたまらん

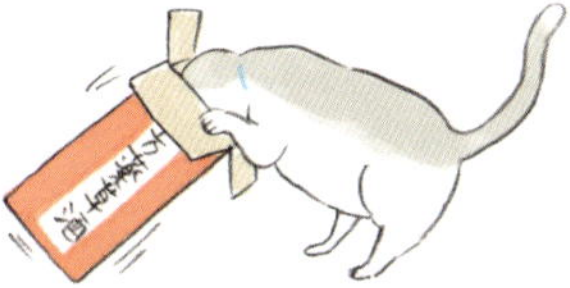

PART3 それって嫌がらせ？

PART4 猫ってすごい！

PART5 飼い主は不服です

PART6 猫って変なの～

column

猫のための飼い主講座

PART 1

猫ってわからん

01 寝たふり？

うるさい子猫をあやしている気分？

猫って、時々無視しますよね。耳が動いていて、絶対聞こえているくせに返事をしない。でももちろん、ちゃんと返事をすることもあります。この違いはズバリ、「気分のモード」の違いです。猫には、いろんな気分のモードがあるのです。野生の成猫には「野生モード」と「おとなモード」しかありませんが、人に守られて生活している飼い猫は、いつまでも子猫気分が抜けず（子猫モード）、さらに野生にはない油断しきった「ペットモード」もあるのです。

飼い猫はこの野生⇕ペット、おとな⇕子猫の4つのモードを切り替えながら生活しています。ちゃんと返事をするときは「子猫モード」。親猫に呼ばれて返事をする子猫の気分です。一方、無視するときは「おとなモード」。飼い主さんを自分の子猫のように見ていて、「わかったわかった」と軽くあしらっている気分です。しっぽを動かすのも、遊びたがりの子猫をあやしているような気分なのでしょう。

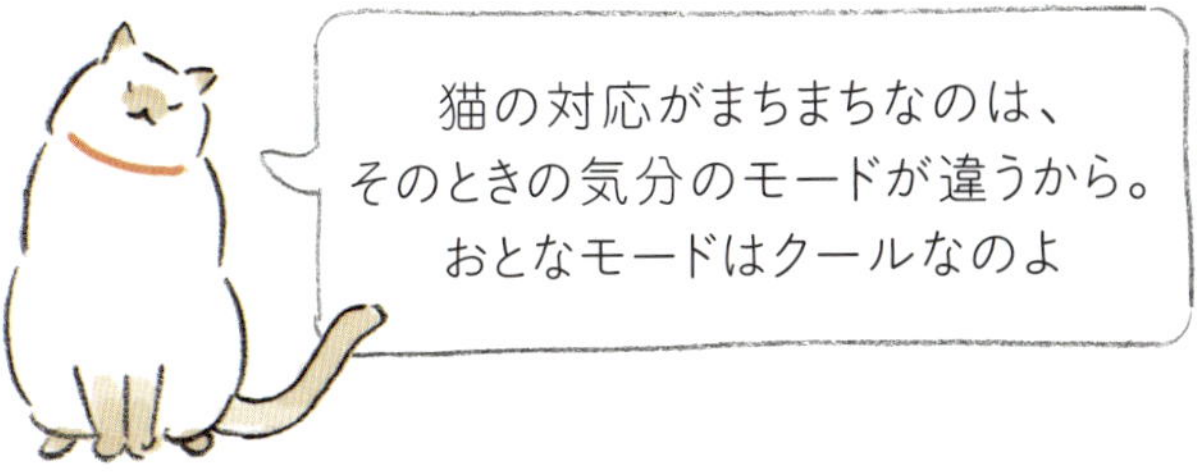
猫の対応がまちまちなのは、
そのときの気分のモードが違うから。
おとなモードはクールなのよ

02 謎の鳴き声

「捕まえたいのに、捕まえられない」葛藤の声

上唇のωの部分を細かく震わせ、「カカカカッ」というような鳴き声を出す猫を見たことがありますか？　口の周りだけ痙攣しているような鳴き方で、猫によっては無声音のことも。この鳴き方をしない猫もいるので、初めて聞いた人はビックリするかもしれません。

この鳴き声の意味──本当のところは、猫に聞いてみないとわかりませんが、「葛藤」の鳴き声といわれます。「窓の外に鳥の姿が見えているのに、捕まえられない」「大好きなおもちゃに届かない」そのような状況のときに出す鳴き声だからです。一説には、獲物を鋭い牙で仕留めるときのあごの動きが、無意識のうちに出ているともいわれます。しかし、野生の猫がこの鳴き方をするかどうかは謎です。実際に獲物を狙うときに鳴き声を出したら獲物に逃げられてしまいますから。飼い猫特有の「あーっ、捕まえたいのに！　くそぅ！」という鳴き声なのかもしれません。

「捕まえたい」「でも捕まえられない」
2つの相反する気持ちが
妙な鳴き声で出ちゃうんだ

03　家政婦は見た

「ひいき」は猫間に争いをもたらす!?

猫の社会は本来、平和なもの。十分な食べ物と居場所があれば、むやみに争うことはありません。ただし、飼い主さんが1匹を「えこひいき」すると、本来平等であるはずの環境が不平等になります。そう、飼い主さんは猫が暮らす環境の一部なのです。

1匹だけ特別なごはんをもらえたり、遊んでもらえたり、「アイツだけいい目を見ている」ことにほかの猫が気づくと、イライラしてその猫をいじめたり、ストレスを感じて問題行動を始めることがあります。特に、新しく子猫を迎えた家で子猫だけがちやほやされるというのはよくある話。何をするにも先住猫を優先しないと、「自分の立場が危ない」と感じていじけてしまいます。

もともとは仲良しの猫たちが、飼い主さんの不用意な行動のせいで関係に亀裂が入り、仲たがいをしてしまうことも。多頭飼いの飼い主さんは、平等にかわいがるように気をつけましょうね。

飼い主はアタシたちの生活の
カギを握る存在。
ひいきは波風を立てるわよ

04　テンション↗

うーーん
ボクもー
あっまた!
スッキリしたーー
ダダダダ
ズバババ
ババ
う…
うーーん
スッキリしたーー
なんでいつもウンチのあとはこんなの…
ぎゃーコタローまてー
キャーサクラ〜とまってー
おおさわぎだね
ビャーー
ドーン

「ウンチハイ」は飼い猫特有のエネルギー発散法？

トイレの後、やたらハイテンションで家中を駆け回る猫。一体なぜなのか——。原因のひとつに、室内飼いの飼い猫はエネルギーがあり余っていることが挙げられます。本来、野生では獲物を捕ったり、なわばりをパトロールしたりなど、しなければならないことがたくさんありますが、飼い猫はごはんは自動で出てくるし、なわばりも小さい。すると、使われないエネルギーが余ってしまうのです。それが「排泄」という本能的な行動を引き金に、爆発してしまうのだろうと考えられています。ウンチ→野生モードのスイッチオン→猛ダッシュ、というわけです。

別の説もあります。野生では排泄時は無防備になり、危険と隣り合わせ。そんな危険な排泄をするにはテンションを上げねばならず、「排泄＝テンションUP」という図式になったという説です。何にせよ、家をめちゃくちゃにするのは勘弁してほしいものです。

飼い主に守られた生活は
楽だけど、エネルギーが
あり余っちゃうんだよね

05 トイレの儀式

フムーン
カシカシカシカシカシ
おっ
またやってる！
砂がないのにキナコってバカね
でもそこもカワイイけど♡
カシカシカシカシ

とりあえず前足でカキカキすれば満足

「猫は排泄物に砂をかけて隠すもの」と思っている人が多いのですが、実は厳密にはこれは正しくありません。正確には、「猫は臭いものがあれば、前足でその辺をカキカキするもの」。野生の猫が生きる場所には普通砂や土などがありますから、カキカキすれば自動的に排泄物を隠すことができます。なので、前足カキカキという行動が習性としてインプットされているのです。

ところが飼い猫の場合は、砂があるのはトイレの中だけ。そのためトイレ前の床や、トイレ横の壁などを一生懸命カキカキする猫が出てきます。肝心の「排泄物を隠す」という目的は果たされないままなので、当然においは消えません。それをくんくん嗅いで、「まだ臭いな」と言わんばかりにさらに床をカキカキしたり、それだけならまだしも、あてずっぽうに砂をかいて、せっかく隠せていたほかの猫のウンチまで掘り出してしまうなんてことも……。

前足でカキカキすれば
臭くなくなるはずなのに
おかしいわね

06　照れかくし？

猫には失敗を隠そうという考えはない

ジャンプに失敗して急に毛づくろいを始める猫。「格好悪い姿を見られたのを、ごまかそうとしているのか？」と人が思っても無理はありません。でもそれは人間だからこその考え。人間は社会を作って生活するため、他者からどう思われるかを気にしますが、猫は基本、ひとりで生きる動物。他者にどう思われようが気にしません。

急に毛づくろいを始めるのは、自分を落ち着かせるため。こうした行動を「転位行動」と呼びます。人間が困ったときに頭をかくのと同じで、緊張状態になったときに無関係な行動をすることで気持ちを緩和させようとするものです。特に毛づくろいは「精神的に落ち着く」という効果が得られます。「失敗しちゃった」という焦りを、自分の体をなめることで鎮めようとしているのですね。あくまで自分に対しての行動で、飼い主さんに対しての照れかくしやごまかしではないのです。

こういうときの毛づくろいは
ちょっとなめたら終わり。
普通の毛づくろいと違うんだ

07 箱好き

入らずにはいられない大好きスペース

隙あらば箱に入る猫。新しい箱を置いておくといつのまにかちゃっかり中に入っています。箱好きの理由は、野生時代、木の洞《うろ》などの狭いスペースを寝床にしていたため。自分の体が密着するスペースに、本能的に安心感を覚えるのです。しかも、寝床はなわばり内にたくさんあればあるほどよいため、新しい箱を見つけるとすかさず中に入り、寝心地をチェックしたがるというわけです。

両側が開いてトンネル状になった箱に飛び込むのが好きな猫もいます。これは、箱の形状が獲物の巣穴を連想させるため。中にいる（と想像している）獲物を捕らえるつもりで飛び込むのでしょう。ただし、自然界の「穴」は飛び込んでも動きませんが、箱にスライディングした猫は勢いよく床を滑っていきます。自然界では「ありえない」状況ですが、新しい状況をも遊びとして楽しむ、現代猫ならではの姿なのかもしれません。

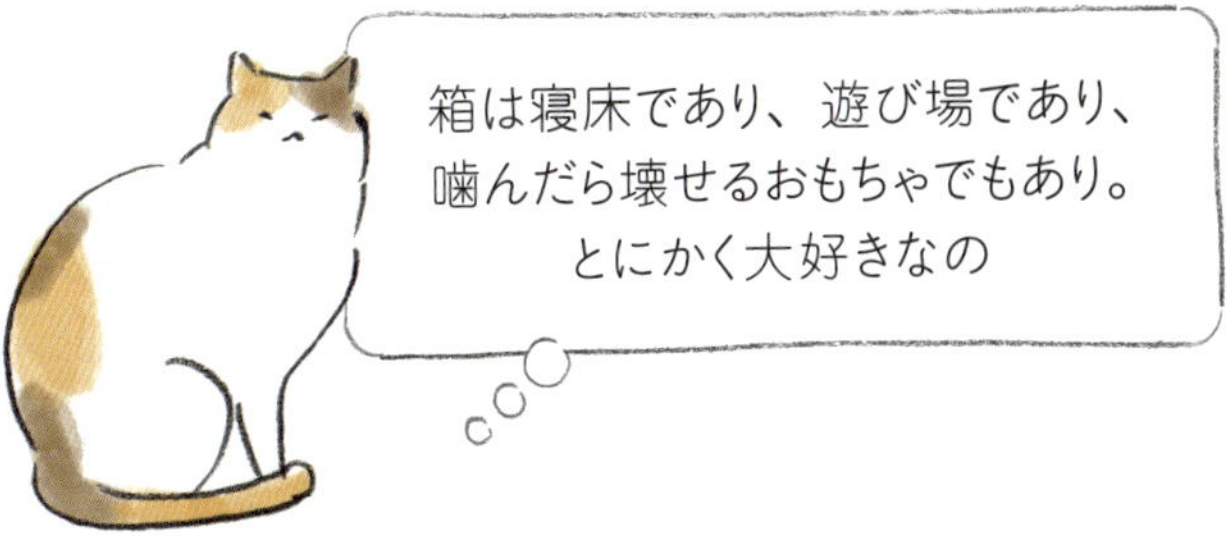
箱は寝床であり、遊び場であり、
噛んだら壊せるおもちゃでもあり。
とにかく大好きなの

08 ニブイ？

意外に鈍い、猫の温度感知機能

「猫って敏感な動物じゃなかったの？」そう言いたくなるようなやけどの事故は、結構起こります。そう、実は毛に覆われている部分の皮膚は、温度に対して鈍感なのです。人間なら44℃で「熱い！」と感じるところを、猫は51℃以上になってやっと感じる程度。皮膚が露出している鼻の頭や肉球は温度に敏感なのですが、鼻の頭がよそを向いていたりすると感知できず、ストーブに近づきすぎて背中の毛が焦げてしまったりします。顔のヒゲが焼けてクルクルになっていても、当の猫は「なんかあったの？」という表情で、こちらのほうが驚いてしまいますよね。

こうした事故が起こらないようにするためには、飼い主が注意してあげるしかありません。ストーブは周りを囲う、ガスレンジには近づかせないなどして、やけどの事故から守ってあげましょう。敏感そうな顔して、意外なところで鈍感だから気が抜けませんね。

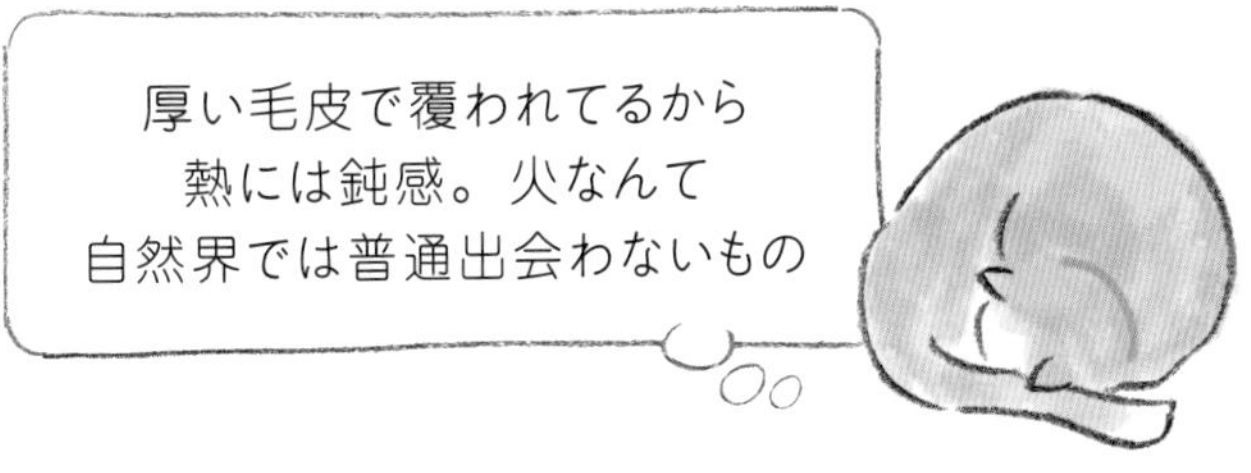
厚い毛皮で覆われてるから
熱には鈍感。火なんて
自然界では普通出会わないもの

09 後先考えず

あれまー
コテツ子猫時代ーー
ミー
ミー
ミー
ちょっとおまちなさいよ
よいしょ
よいしょ
おーよしよし
なんで降りられなくなるのに登るんかのう…
こわかったー

登るのは得意でも降りるのは苦手

高いところに登ったはいいけど、降りられなくなってひと騒動。無鉄砲な子猫が木の上で泣き叫んで、消防車が出動する騒ぎになることもあります。これは、猫の体の構造が原因。登るときはあの爪をピッケルのように木肌に刺してよじ登ることができるのですが、降りるときは……？　登るときと同じ体勢で、爪を立てながらズルズル落ちていくしかないのです。本当に木登りが得意な動物は、頭を下にして降りることができますが、残念ながら猫にはできません。頭を上にした体勢でおしりからズルズル落ちていくのは、下方向が確認できず恐怖も大きいでしょう。それがわからないまだ経験の浅い子猫が、後先考えず登れるだけ登ってしまい、「怖い！　降りられない」となるのでしょうね。

ちなみに、野生の猫が暮らしていた場所には、ぐねぐねと曲がった低木しかなかったので、降りるのも簡単だったのです。

行きはよいよい、帰りは怖い。
いざとなったら飛び降りるけど、
助けに来てくれればめっけもの

10　カチン　コチン

コテツ子猫時代②
てこ
てこ
お、今日は外であそぶのか
わっ
猫?!
ピキーン
ビイイイイイイ
あっぶなー
ビイイイッ
ぶる　ぶる

野生では役に立った「フリーズ」の技

「バカ！　走って逃げればいいのに！」そう言いたくなる心臓に悪いシーンですが、これは猫の本能的に仕方のないことなのです。野生では、動くものは見つけられやすいという特徴があります。猫を含め、肉食獣は動体視力に優れています。ですから、敵である動物に見つかりそうになった場合、体をこわばらせてフリーズすれば、周りの風景と同化し、相手から見つからず、難を逃れられるのです。

そういうわけで、ピンチに陥った猫は、フリーズすることで場を乗り切ろうとします。あいにく、その法則は現代では通用せず、交通事故に遭ってしまう猫が多いのが実情。交通事故を防ぐには、完全室内飼いにするしか手はありません。

ちなみに、驚いたとき真上にビヨーンと飛び上がるのも、ピンチを逃れるための技。向かってきた何かをよけられたり、視覚的に相手を驚かすことができるなどの効果があると考えられます。

フリーズってあいつら（車）
には通用しないの!?
困ったニャア……

11　気分屋

「気持ちいい」は限界を超えるとイライラになる

さっきまで甘えてたのに急に攻撃。13ページでも述べたように、気分のモードがコロコロ変わるのは猫の特徴ですが、この攻撃はそれだけが理由ではありません。

猫には、「愛撫誘発性攻撃」といって、なでられることで攻撃したくなることがあるのです。たいていの場合、人がなでる時間が「長すぎる」ことによって起こります。猫どうしのグルーミングでは、基本はチョチョッと2〜3回なめたら、終わりです。それ以上長くなめると「しつこい!」と拒否されます。もちろん例外はあり、子猫は母猫に長時間なめられています。つまり、子猫気分の強い猫ほど、長時間なでてもOKということです。許容時間は猫によって変わるので、見極めることが大切。ヒゲがピクピクしたり、しっぽをパタパタ振り始めるのはイライラが募ってきたサインなので、すぐになでるのをやめましょう。

猫が「気持ちいいな」と
感じる範囲で終わることが
仲良しでいる秘訣よ

12 猫ギライの人ほど…

ユイ やっほー
いらっしゃーい 入って入って
ねこいるー？
うん！ こっちこっち
フイッ
…
キャー!! かわい〜
あれっ 遊ばないの？
おもちゃあるよー
いやー えんりょしとく…
俺、猫だめで…
ム…何か避けられてる…
ポフー
ひえっ
な…っ なんか乗ってきたんだけどっ
サクラ！
フゥ…

猫好きが嫌われ、猫嫌いが好かれる悲劇

初対面の人間からの「凝視」「大声」「テンションの高い振る舞い」。これらはすべて猫が大の苦手とするものです。猫は慎重な動物なので、安全かどうかわからない人間にいきなりグイグイ来られても、警戒するばかりです。

逆に、猫が嫌いな人がする「見つめない」「近づかない」「静かに座っているだけ」という行動は、猫に安心感を与えます。「あちらからは、何もしてこない。害はないようだ」と感じ、結果的に猫嫌いの人間のそばにいることもしばしば。騒ぎがちな猫好きさんにとっては、羨ましい限りでしょう。

ちなみに、初対面の人間が目を合わせるのは「威嚇」になりますが、親しい人間が目を合わせるのは「愛情表現」。人間どうしでも、知らない人がじっと見つめてきたらそれは「眼《がん》つけ」ですが、友達ならアイコンタクトですよね。猫も人もおんなじなのです。

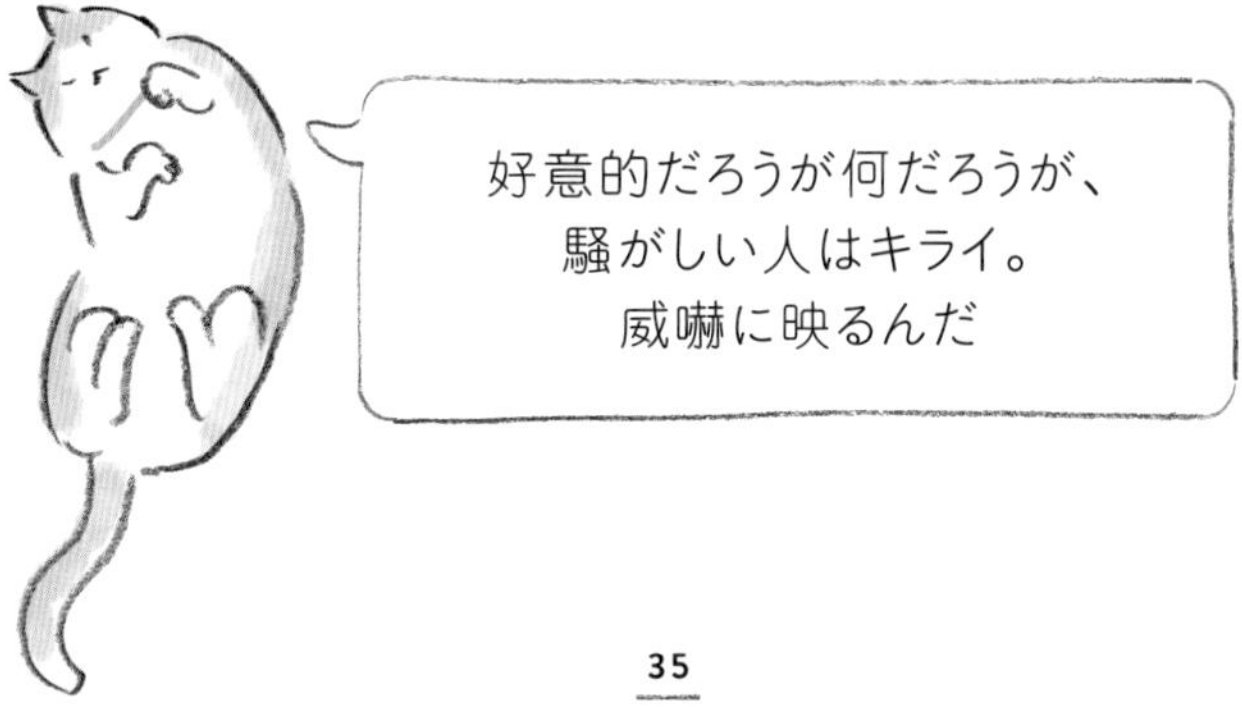
好意的だろうが何だろうが、
騒がしい人はキライ。
威嚇に映るんだ

13 男はキライ

ウス。
ユカリ久しぶりー
久しぶり〜!
2人の結婚式以来て、どうぞどうぞ
フフフかわい〜♡
にー
キナコが甘えてる!よかった!
キナコちゃんすごくなつっこいよ!マーくんも触らせてもらいなよーー
のそっ
じ…じゃーオレも
まーくん←
ビクッ
シャーーッ
オレ、ダメなの?
あれれ

大きい体格や低い声が猫には恐怖

基本的に、猫は男性より女性を好む傾向があります。女性のほうが好かれる理由は、まず、物腰が柔らかく、威圧感がないこと。声も高く、聴き取りやすいこと。ですので男性でも、こうした要素のある女性的なタイプなら警戒されにくいでしょう。残念ながら体格がよくて声の低い、男性的なタイプは警戒されがちです。

もうひとつ、猫が男性を嫌う場合に考えられるケースがあります。それは、猫が生まれたときから女性としか暮らしたことがないケースです。男性とほとんど接することなく育った猫は、同じ人間でも、男性は別種の生き物に見えている可能性があるのです。ほかにも、高齢者や子どもなど、よく知っている人間と体格やタイプの違う相手は、未知の存在と感じて警戒することがあります。小さい頃に多くのタイプの人間と接してきた猫の場合は、こういった人見知りはあまり起こりません。

「猫なで声」の高い声で
話しかけてくれれば
少しは効果あるわよ

14　食べたいのは どれ？

CAT FOOD
じーー
ふむ…
ビーフ
こくうま ビーフ
チキン
フィッシュ
しらす入り
ゴールデン まぐろ
猫缶も種類がいっぱいあるのう
ビーフと…
まぐろ…
猫にも肉好き
魚好きがおるんかのう
まぐろ
ビーフ
お刺身ちょーだい
お前さんはさっきカリカリくったじゃろ
コテツは魚が好きなようじゃが…
よし、マグロにしよう

猫は本来、魚好きではない!?

迷ってしまうほど多くの種類が出ているキャットフード。主原材料が肉のものもあれば、魚のものもあります。しかし実は、魚のフードが多く売られているのは日本ならではなのです。

そもそも猫は肉食で、小動物の肉が本来の食糧。でも島国である日本では、肉より魚が身近な動物性たんぱく質でした。そう、猫も、圧倒的に魚をもらえる機会のほうが多かったのです。貴重なたんぱく源であるお魚、もらえれば夢中で食べたことでしょう。魚屋さんの店先から泥棒したこともあったでしょう。ここから「猫＝魚好き」の図式が日本人の頭の中にできたというわけです。

また、小さい頃から食べていると、実際にその食べ物が好きになります。アメリカの猫はビーフ好きらしいですが、これはつまりその国の人間の食生活が猫にも影響しているということ。インドの猫はカレー好きという話もありますが、健康には悪そうです。

本当は魚より肉のほうが好み。
でも、小さい頃から魚を
食べてると魚好きになるよ

15　きょうだいなのに

なー母ちゃん
じーーーー…
しゃきっ
何か見られてるわ
まったり…
ごろごろ
サクラとコタローって同じ親から生まれた姉弟だろ？
サクラ しっかりしていて切れ者
コタロー のんびり
なのに、なんで毛の色も、性格もちがうんだ？
そ…
そんなこと私に聞かれてもねー…
じ…

似ても似つかないきょうだいもいる

猫の場合、同時に産まれた子猫のことを「きょうだい」といいますが、人間でいえば「双子」や「三つ子」「四つ子」に当たります。

人間の場合、同じ双子でも、ひとつの受精卵から分かれたのを「一卵性双生児」、別々の受精卵から生まれたのを「二卵性双生児」といいます。一卵性双生児は、もともとまったく同じ遺伝子ですからそっくりで、性別も同じです。しかし、二卵性双生児は異なる卵子と精子の組み合わせですから、それぞれ受け継いでいる遺伝子が違います。よって、姿形も一卵性ほど似ておらず、性別も異なることがあります。

猫は多排卵型動物なので、猫のきょうだいは、人間でいうところの二卵性双生児に当たります。ですから毛色や性別が違っていても何ら不思議はありません。性格もしかり。

また、猫は同時に異なるオスの子どもを宿すことができるといわれます。発情期に複数のオスと交尾したら、同時期に生まれたきょうだいであっても父親が違うということが起こりうるのです。

同じ遺伝子でも、母猫の胎内の
状況などによって、毛色の
現れ方が違ってくるらしいわ

16 隣の芝は…

はいはい
ごはんですよー
ンニャーー
ニャー
チラッ
ハグハグ
ハグハグ
チラ…
いただきま〜す
中身は
同じなのにねえ
そろーーり
FOOD

「アイツはもっとウマいもの食ってるかも」!?

人間でも、同じようなことはありますよね。例えば子どもどうしで、同じようなプレゼントをもらったとき。自分のプレゼントも十分素敵なのに、相手のプレゼントのほうが無性によく見えて、「あっちがいい」と泣いて駄々をこねるようなことが起こります。普段は仲良しでも、そういった心理は起こるものです。

この場合も同じで、まったく同じものをもらっていても、相手の食べているごはんのほうがおいしそうに見えるのでしょう。まさに「隣の芝生は青い」です。そうして自分のごはんを食べ終わらないうちに相手のごはんを横取り。結果、自分のごはんが相手に横取りされるとは考えません。そしてまた今度は、相手が食べている自分のごはんがおいしそうに見えて、元の皿に戻ってみたり。2匹でぐるぐる回りながら食べているおうちもあるといいますから、せわしない限りです。

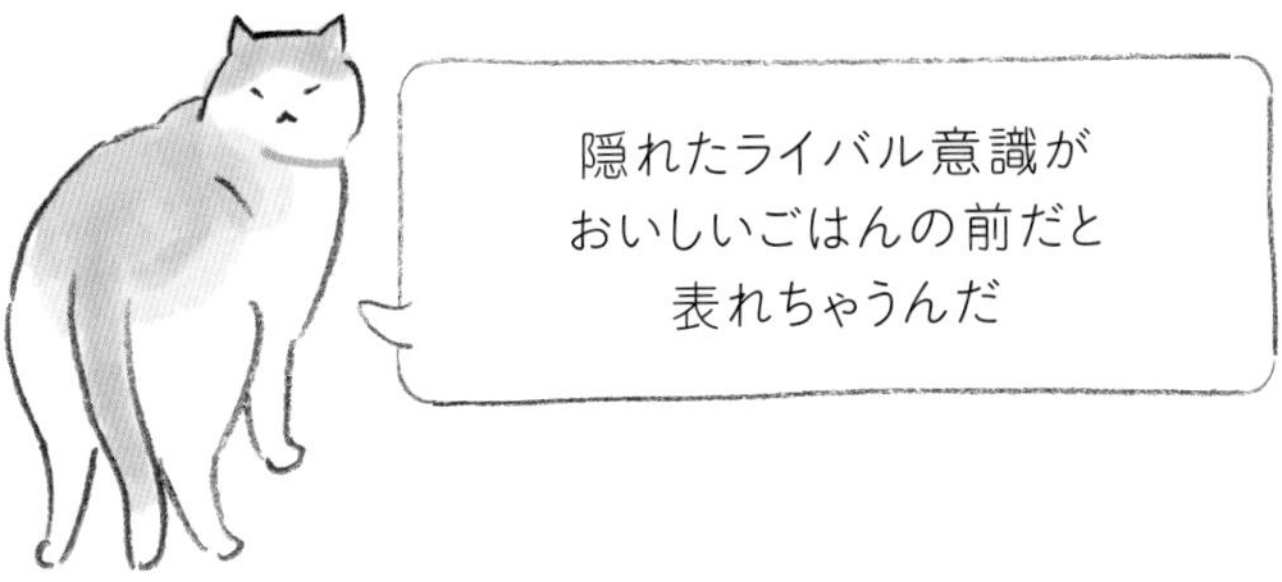
隠れたライバル意識が
おいしいごはんの前だと
表れちゃうんだ

17 高いとこが好き

キョロ キョロ
コテツが おらんのー
ぶみ〜
はっ!
ぶみ?
これこれ 神棚は よしなさいっ
お前さんは 高いところが 好きじゃのー おでぶなんじゃから 程々にの
ぶみ
ん?
あだだだ だあっ
ガシッ
ぴょん
わしには のぼらんでえーからっ

下界を見渡せる高いところは強気になれる

「高いところは精神的に優位になれる」。これが、猫が高い場所を好む理由です。高い場所は周りを見渡しやすく、下界で起きていることが把握しやすい場所です。その場の状況を把握しやすいということは、余裕ができて強気になれるということ。同じ条件で休むのであれば、低い場所より高い場所を猫は選びます。

多頭飼いの場合、キャットタワーの最上段など、一番高くて居心地のいい場所でいつも休んでいる猫は、その家で最も立場が強い猫といえます。立場の弱い猫は、強い猫に居心地のいい場所を譲るのです。強い猫に弱い猫が挑むとき、場所の取り合いが起こります。

人の体に登りたがるのは、「高いところ」という魅力に加え、大好きな飼い主さんと触れていたい、体に乗って移動するのが楽しいという要素も。しかし、人間キャットタワーは痛いので、飼い主さんの忍耐が必要ですね。

高いところから下界を
見下ろすのはとてもいい気分。
人間も同じじゃないの？

18　寝相にも個性？

♪～
ちょこん…
ゴロ――ン…
ただいまー
おお…
ポカ
ポカ
くるり
だら――ん
ん――
そーいえば
コタローは
ヘソ天でねてる
ことが
多いなあ…
のび
まるっ…

ヘソ天は警戒心の少ない猫の特徴

　暑いと体を広げ、寒いと丸まって眠る。気温によって猫の寝姿が変わることは、よく知られています。では同じ気温であるはずの同じ場所で、猫の寝相が違うのはどういうわけなんでしょう？　これは、それぞれの猫の「暑がり」「寒がり」も関係ありますが、その猫の性格も関係あるんです。

　開けっぴろげで警戒心の少ない猫は、弱点であるおなかを丸出しにして眠ることを怖がりません。つまり、よくヘソ天で寝ている猫は無防備なんですね。反対に、警戒心の強い猫は、めったにおなかをさらけ出しません。足を床につけた状態で、何かあればすぐに動き出せる体勢で寝ています。また、そのときの気分も関係してきます。家ではしょっちゅうヘソ天で寝ている猫でも、初めて連れて行かれた場所でヘソ天で寝ることはまずありません。もともとの性格が無防備でも、警戒している気分のときはおなかを守って眠るのです。

寝相はそのときの気温、
性格、気分の相関関係で
決まるんだ

19　何が見えるの？

「見ている」のではなく「聴いて」いる

何もない部屋の隅をじっと見つめる猫の姿——怖いですよね。これは、実は何かを「見つめて」いるのではなく、その方向からの音を「聴いて」いる姿といわれます。猫の聴力は非常に優れていて、人間には聴こえない高い周波数の超音波も聴き取れます。ですから、人間には聴こえない超音波や微かな物音を聴いているのでしょう。そうして、物音を聴くとき、猫はその方向に顔を向けるので、人には「何かを見ている」姿に映るのでしょう。ちなみに、高い音に関しては、微妙な音程（音の高さ）を聴き分けることも得意とか。一音の1/10〜1/50の高さの違いがわかるといいますから、音楽家もびっくりですね。とはいえ、猫が「本当に何も見ていない」証拠はありません。猫には、地震を察知したり、何千km も離れた引っ越し先に自力でたどり着くなど、不思議な報告がたくさんあります。ですから……、いや、考えると怖くなりますからやめましょう。

獲物となるネズミは超音波で
鳴くの。猫はその声を
聴き取れるようになってるのよ

20　夜中の大ハッスル

バタバタバタ
ドタタタタタ゛
タタタタタタ…
む…
これは…
居間のコタツで
テスト勉強中
げっ
ダダダーッ
ダダダダダ
もーっ
また
こんな
夜中にーっ
ぐしゃ
ぐしゃー
ドドドドドド
バサーー
ぐしゃっ
ぜんぜん
集中
できない…
とほほー

猫本来のエネルギーが大爆発！

猫の「野生モード」のスイッチが入るきっかけはいろいろありますが、俄然、夜はスイッチが入りやすい時間帯です。だって猫はもともと夜行性。昼間は寝ていて、夕方から「よっこらしょ」と起きだし、活動を始める動物です。夜にスイッチが入ったときの猫の目は爛々と輝いていて、いかにも野生モードという感じ。おとなしい猫の姿しか知らない人からすると、ちょっと怖いぐらいかもしれません。

このスイッチが何かというと、それは「狩りの欲求」です。たとえ飼い猫で、十分にごはんをもらっていて満腹であっても、捕食動物である猫には「獲物を捕らえたい」という本能的な欲求があります。それが夜には爆発しやすいのです。こういうときは猫じゃらしを使って一緒にハッスルしてあげてください。思い切り体を動かしてエネルギーを発散したら、収まるのも早くなります。

本能的な行動だから、
怒ってやめさせるのは無理。
思い切り発散させて！

コラム

猫のための飼い主講座 1

Q なぜ飼い主は、肉球を触りたがるの？

A どうやら、人間にとっては肉球の触り心地って特別らしいよ。猫の体のなかで肉球は毛に覆われていないレアな場所だし、特に室内だけで過ごす飼い猫は肉球がぷにぷにのままだから、余計好きみたい。ボクとしては、野良猫の硬くなった肉球もワイルドでカッコいいと思うけどね。
でも、肉球って猫どうしでもなめあうことはないほど敏感な場所だし、しつこく触るのは本当に勘弁してほしいよね。猫の体のなかで肉球だけは汗が出るけど、ジワッとしてきたらストレスを感じている証拠だよ。

ハタ迷惑な話ね

PART 2

猫ってたまらん

21　ベロ出てる

口内の構造上、舌が出やすい

舌をチョロリと出したオマヌケな顔。当の猫は舌が出ていることにまったく気づいておらず、生真面目な顔でいるから余計おかしいものです。

舌を噛んでいるのに気づかないのは、前歯が小さいせいです。大きな犬歯に挟まれた前歯はとても小さく短く、舌を挟んでもそれほど痛くないのでしょう。実際、猫の前歯は毛づくろいで毛をカミカミするくらいしか役割がありません。また、毛づくろいで舌を酷使することも、猫が舌を噛んでいるのに気づかない理由のひとつ。つまり、舌が疲れて感覚が鈍っているのです。思えば、舌が出ているのは、熱心に毛づくろいした後のことが多いものです。

ペルシャなど、マズル（口吻）を短く改良された短頭種は、さらに舌が出やすい構造になっています。たまに舌を出しっぱなしで寝ているときもあり、ついつい触りたくなってしまいますね。

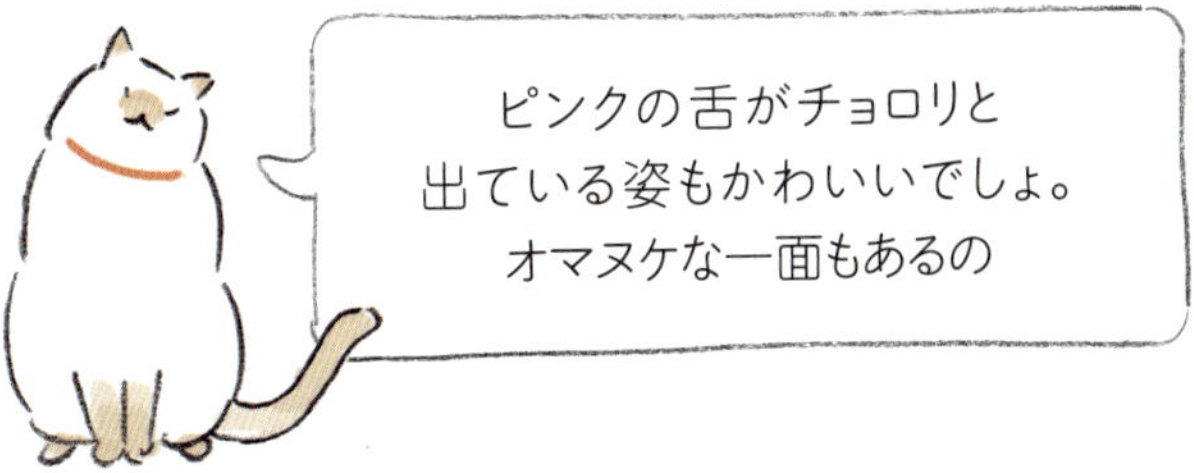
ピンクの舌がチョロリと
出ている姿もかわいいでしょ。
オマヌケな一面もあるの

22 入りたいの

むかごが沢山
とれたから
むかごごはんでも
炊くかの…
ザッ
ザッ
土鍋はどこへ
やったかのー
ガサ…
みかん
ぷみっ
コテツ…
買い物に
行くかのー
あら?
ずしっ
ずっしり
好きじゃのー
ぷみ
フン
フン
フン
フン
漢方薬草酒
薬草酒
グイ
グイ
グイ
それはちと
小さいのう…

自己イメージはスリムで小さい猫？

猫は自分の体がぴったり入るスペースが好き、というのは25ページで述べた通りですが、「いやいや、それは無理でしょ」という小さな箱にまでなんとか入ろうとします。たまにグシャッと箱を押しつぶしているのに「入れた」という顔をしていたり、すっぽり入り込んだ箱から抜けなくなって焦っていることもあります。

猫は体が柔らかいため、多少小さい分には入れてしまうのが、こうした「無謀な挑戦」を生むのでしょう。「これくらいなら、まだ入れるはず」と考えるのではないでしょうか。また、子猫の頃に入れていたスペースになら、大きくなった今でも入れると思っているふしがあります。おデブ猫が、盛大に贅肉をはみ出させながら、満足そうに愛用の箱に入っている姿は、かわいらしいやらおかしいやら……。大きくて新しい箱を用意してあげても、なじみのボロボロの箱のほうがお気に入りのようで、なかなか乗り換えてくれません。

飽くなきチャレンジ精神。
たまにとんでもないものにも
入っちゃうんだ

23　フミフミ

気分は赤ちゃん。母猫に守られた幸せな気持ち

トロンとした顔をして一心不乱にフミフミする姿は、猫好きにはたまらないしぐさです。これはもともと、子猫が母猫のお乳を飲むときのしぐさ。乳首をくわえながら前足でその横をモミモミすることで、お乳の出をよくしているのです。もちろん、子猫が意識的にしている行動ではなく、無意識で行う本能的なしぐさです。おとなになっても、温かくて、安心できて、柔らかいものに包まれた状況になると「赤ちゃん返り」をしてしまい、このフミフミが出るのです。フミフミしながらチュパチュパと毛布などを吸う猫もいます。母猫に守られていた幸せな気分に浸っているので、満足するまでさせてあげましょう。爪が出るので、直接肌にやられると痛いですが、ここで猫を振り払ったりすると、幸せな気分を台無しにしてしまいます。

眠りながら前足をグーパーさせる猫もいますが、これも同じこと。夢の中で、お母さんのお乳を飲んでいるのでしょう。

英語では「milk tread」
と呼ばれるしぐさ。
お乳を飲んでる気分なの

24　ゴロゴロしちゃうの

ゴロゴロいうのは幸せなときだけじゃない

猫は幸せなときにゴロゴロいう。確かにその通りなのですが、ゴロゴロいうのは必ずしも幸せなときだけではないのです。例えば、病院嫌いな猫が診察台の上でピンチを感じたとき。病気で具合が悪いとき。怪我で死にそうなとき。このようなときにも、ゴロゴロいうことが知られています。理由はおそらく、「嘘でも幸せな状況を作り出すため」。いわゆる自己暗示のようなもので、ゴロゴロいうことで自分を安心させようとしていると考えられています。

もともとこのゴロゴロ音は、赤ちゃん猫が母猫のお乳を吸っているとき、母猫に「ボクは元気だよ」と伝えるサイン。お乳を飲みながらでものどは鳴らせるので、こうして母猫に合図するのです。それを聴いた母猫は子猫がちゃんと育っていることがわかり、安心します。

死にそうな猫が「ボクは元気」と自己暗示をかけようとするなんて、切ないですね。

猫が暗い場所でひとりで
ゴロゴロいってたら、
具合が悪いサインかも！

25 おしりフリフリ

ホラホラ〜
こいこーーい
フリ
フリ
パフッ
おもちゃに飛びかかる前…何でおしりをふるんだろ?
そういえば…
?
フリ
フリ
あれっサクラも?
シュバッ
バシッ
やりましたわよ
ワサ
ワサ
ゴ…ゴ〇ブリ?!
いやーサクラやめて〜

獲物に飛びかかるジャンプの調整中

猫がおもちゃに飛びかかる前の、フリフリとおしりを振るしぐさ。なんともかわいいしぐさですが、これは別に、おしりを振っているわけではありません。後ろ足を交互に踏みかえて、飛びかかる角度や距離を調整しているのです。ここで調整することで、猫は獲物のいる地点に確実に前足を着地させることができます。両前足で獲物を押さえ込んだら、ガブッと首筋に噛みつくのが猫の狩りのやり方です。

ちなみにおもちゃに飛びかかる前に姿勢を低くするのは、獲物から隠れているつもり。猫の急襲は、ギリギリまで相手に気づかれないことが大切なのです。しかし野生では姿勢を低くするだけで草むらに隠れられたものが、家の中では姿を隠してくれるものがなく丸見え。そろりそろりと姿勢を低くして近づく野生的なハンターの姿も、家の中ではオマヌケに見えてしまいますね。

おしりフリフリしてるときは、
獲物への興奮がMAX。
興奮で瞳孔も大きく開くよ

26　目隠し寝

スヤ〜〜〜ピ
はうっ
うおおおおおかわい〜〜っ
写メっ写メ〜〜
パシャ
パシャ
グゥ〜ん
もぞ…
ゴロン
ご…ごめん寝?!
またまたかわい〜〜♡
カシャ
かわいい…
けど、これって…
息は苦しくないの?

「まぶしい」か、「温まりたい」のどちらか

夜行性の猫の目は、光を感じやすくできています。瞼を閉じてもまぶしいときは、前足で目を覆ったり、うつぶせで寝たりして光を遮るのです。猫の目は光の感受性が高いですし、特に蛍光灯などの光は、動体視力の優れた猫の目にはチラチラしてうるさいのでしょう。そんなにまぶしければ暗い場所へ移動すればいいのではとも思いますが、眠くて移動が面倒なときは人間にもありますよね。

また、うつぶせは鼻から吐いた温かい空気がこもるという利点もあります。皮膚が露出している鼻先は冷気を感じやすいので、寒いときはこうして温まるのです。こういうときは前足もしっぽも体にぴったりとつけて、体温が逃げないようにしています。さらに、鼻先が覆われた状態は子猫時代、母猫のおなかに顔を突っ込んでお乳を飲んでいたのと同じ状態で、精神的に安心できるという面も。手のひらで猫の顔を覆ってあげると、同じように落ち着きます。

快適な寝方を追求するためのポーズであって、別に謝罪してるわけじゃないよ

27　鼻を嗅ぎたい

鼻っぽく見えるものは、においを嗅ぎたい

通称「鼻キス」と呼ばれるこの行動。猫どうしの挨拶行動で、相手の口周辺のにおいを「そうそうこのにおい」と確かめるためと、「あっなんか食べたでしょ？」などの情報収集のために行われます。

そしてこの鼻キス、人間相手にも行われます。人間の鼻は普段は高い位置にあるのでなかなかできませんが、届く場所にあると猫も鼻を近づけて挨拶します。

さらに、ぬいぐるみのような無生物にも行います。というか、猫は目で見ただけでは生き物かそうでないかがわからないのです。実は動かないものを見分ける視力は、猫は人の1/10程度。壁に貼った猫のシルエット（二次元）でさえ、見ただけでは本物の猫かそうでないかわからないのです。ですから、ぬいぐるみにも挨拶しようとして鼻を合わせ、においを嗅いでからやっと「なんだ、生き物じゃないのか」とわかるのです。

二次元の猫のシルエットにも
鼻の辺りのにおいを
嗅ごうとしちゃうの

28　指先のナゾ

わーっ のら猫だ〜♡
ハタ
そろ…
ささ…
…
…
ピタ
す…
そーっ
そろり…
くんくん
ちょっと なでても 大丈夫かなっ
ビクッ
たたたーっ
あ…
なんで 指先は OKなのかな ー
うーん

友好的な猫の顔に見える？

猫に指を差し出すと、指先のにおいを嗅ぎます。なぜなんでしょう。一説には、前述の「鼻キス」と似ている状況だからといわれています。鼻先のように出っ張ったものには、思わず鼻を近づけてにおいを嗅ぎたくなるというのです。考えてみると、人間の握りこぶしは猫の顔に近い大きさ。指一本だけがこちらを向いているという、一カ所が突き出た形は、視力が悪い猫にとっては、猫の顔に似て見えるのかも。さらに、当たり前ですが、人の手で作った猫の顔には目がありません。目がない＝目をつぶった状況というのは、相手を威嚇するつもりがないというサインで、安心感を与えます。「こちらを威嚇するつもりがない猫が、顔を近づけている」と感じ、友好的に鼻キスの挨拶をしたくなるのかもしれません。そのように見えていた猫の顔が、手を広げると突然「自分を捕まえようとしている手」に変わって見え、逃げ出すのかもしれませんね。

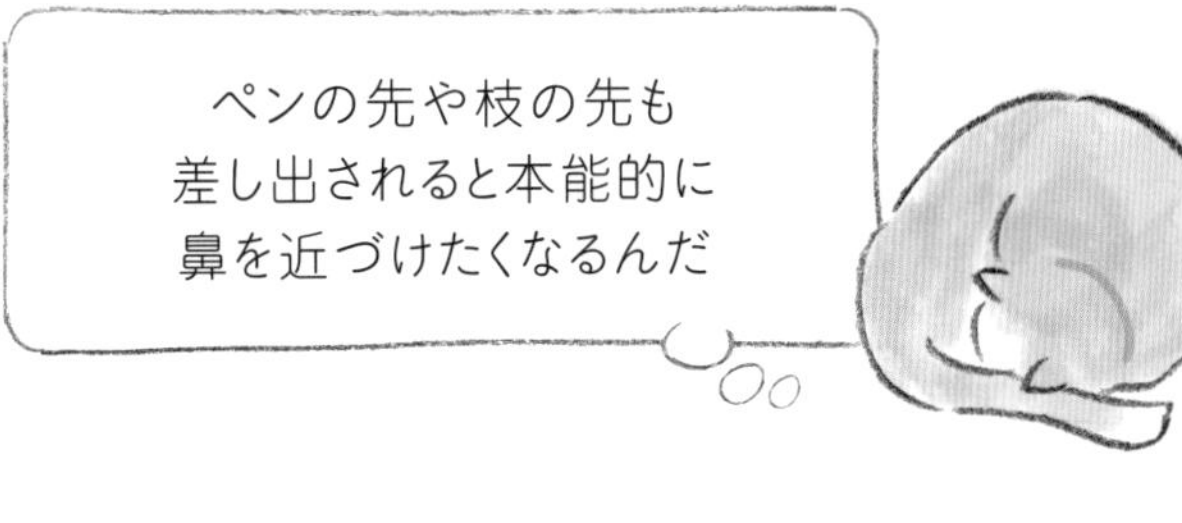
ペンの先や枝の先も
差し出されると本能的に
鼻を近づけたくなるんだ

29　ストーカー

カララ…
もー
たたーたっ
ガリッ
にゃー
にゃー…
ガリ
にゃーー
ふーー
ニャー
ニャー
また…
トイレトイレ…
まったり…
私にべったりなんだから〜
家庭内ストーカー？
ナ〜
にゃー
ぐいぐいっ
ガチャ
にゃー

探索しきれていないなわばり

お風呂場やトイレは、なわばり(家)の中にあって、普段は入れない場所です。出入り自由にしているおうちでも、人が入っているときは水が流れるなど様子が違います。猫はそんな、「なわばり内にあるのに、つかみきれていない不思議な場所」をチェックしたいのです。洗濯機や乾燥機の中も同じ。普段閉まっていると、開いているときに中に入ってチェックしたがります。流れる水で遊んだり、溜まり水を飲むのが好きな猫もいますね。キラキラと光りながら動く水は猫にとっては不思議で仕方ないようで、いつまでも飽きずに眺めていることも。普通、猫は水に濡れるのを嫌がるものですが、子猫の頃から慣れていたり、好奇心が勝ると濡れるのもいとわないのでしょう。

あるおうちでは、いやに水道代が高いなと思っていたら、猫がトイレの水を流すスイッチを何度も何度も押し、便器の中を流れる水を見続けていたとか。猫の好奇心は油断できませんね。

飼い主にベッタリというより
その場所を探索したいの。
水に濡れるのもへっちゃらよ

30　首かしげ

こそこそ
キナコ〜 新しいおもちゃだよ〜
にゃーー
はい！♡
ピヨ！
ビクッ
じーー
じーー
ピヨ！
じーー
キャー
首かしげてる〜 かっわい〜〜！！
パシャ
パシャ
パシャ
……
ピヨ！

対象物をよく観察しようとしている

猫が首を左右にかしげるのは、別にかわいこぶっているわけではありません。人間も、不思議なものを見ると首をかしげますが、これは首をかしげることで対象物の側面を見たり、違った角度で見たりしようとしているしぐさです。

猫が視力が悪いというのは67ページで述べた通りですが、近すぎるものはさらに見づらいという特徴があります。対象物との距離が25㎝以内のものは見づらいといわれています。これは、マズル（口吻）があるせいもあります。猫は目より鼻や口の部分が出っ張っているため、視界に隠れてしまう部分があるのです。握りこぶしを口の前に当ててみてください。視界の中で隠れてしまう部分があるのがわかると思います。猫がすぐそばにあるものに気づかないことがあるのは、こういった理由。ですから初めて見る不思議なものには、首をかしげてよく観察しようとするのです。

危険かもしれないから
まだ手は出さない。
まずはよく観察してから！

31 おしりポンポン

よしよしー
ここをポンポンすると喜ぶんだよ
へぇー
ポンポン
にゃーん
じゃーオレも…
ポンポン
あっ!そっちは…
うわっ!!
バシッ
何すんにゃ
スタスタ…
猫によってちがうみたいで…
大丈夫?!
ごめん…サクラはこれ嫌いなんだよね…
こえー…早く言ってよー

性的な刺激のある敏感な部分

腰には神経が集中していて、生殖器への神経も通っています。つまり、ここは猫の性感帯。ポンポンと叩かれると気持ちよさそうにするのはそういうわけです。ただし、猫によっては嫌がる場合も。敏感な部分なので刺激を嫌がる子もいるのです。

喜ぶ猫は、ここを刺激すると腰を高く上げますが、これは「ロードシス」という、交尾時にメスがオスを受け入れる姿勢に似ています。メスがこの姿勢をするのはわかりますが、オスまでやるのはちょっと不思議な気がします。しかし、メスがいない環境ではオスどうしで交尾の真似事が行われることもあるので、メス的な快感をオスも感じているのかもしれません。

叩かれる強さにも好みがあり、強めにバシバシと叩いてやると「もっともっと」という感じでねだってくる猫も。飼い主としては、なんだかSMぽくて複雑な心境なのですが……。

猫によっては嫌がる子もいるわ。
強い刺激だけに引っかいちゃうかも。
ちゃんと見極めてね

32 心の友

どよ〜〜ん…
ハァ…
にー
キナコ…
今日ね…
会社でね…
ニャー
〜〜したらね
○○だっていうのよ!!
ひどくない?!
ニャー
ニャー
キナコ…
ニャー
やっぱり私の気持ちをわかってくれるのは
キナコだけよ〜!!
ニャウ

心温まる「あいづち」かと思いきや……

飼い主の話にあいづちをうってくれる愛猫。心のつながりを感じるシーンですが、残念ながら、猫には飼い主をなぐさめようという気持ちはありません。これは、自分に話しかけてくる飼い主に鳴いて応えているだけ。12ページのマンガでは呼んでも無視する「おとなモード」でしたが、ここでは「子猫モード」なのです。「〜でね？」「〜のよ！」など、話の区切り部分は呼びかけに似た口調なので、まるであいづちをうっているかのようなタイミングで鳴くのでしょう。飼い主の歌に合いの手を入れるように鳴く猫もいます。

そもそも、野生のおとな猫は単独生活者。むやみに鳴くことは、敵に居場所を知られるなどの危険を招きます。ですから、発情期で異性を探したり、敵と戦うとき以外は、ほとんど鳴きません。猫が日常的に鳴くのは子猫のときだけ。飼い猫はおとなになっても子猫気分が強いので、よく鳴くのです。

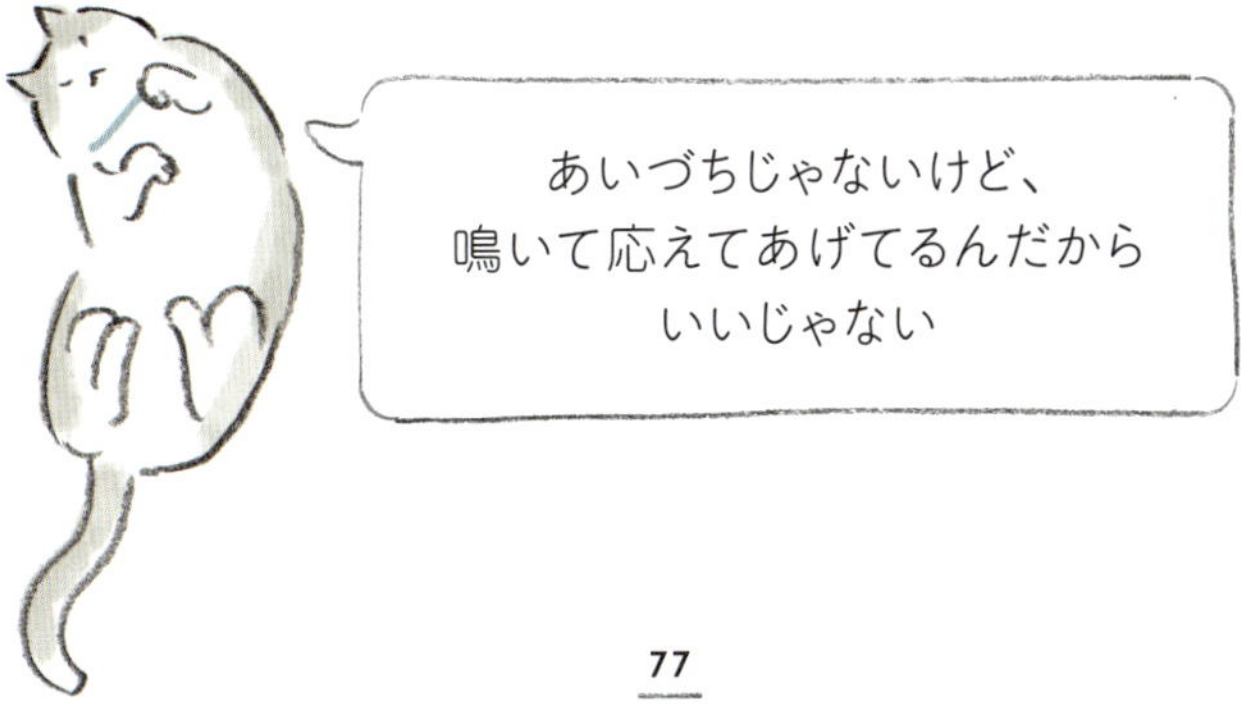
あいづちじゃないけど、
鳴いて応えてあげてるんだから
いいじゃない

33 涙を拭いて

ズーーン
ガチャ
ヨロヨロ…
ふら ふらっ
わあああああ
どさっ
うっうっ
ゔ〜〜
ぐすぐす…
にゃ〜〜
ボロッ…
ふぇ…
キナコ…
ペロ
キナコ…なぐさめてくれるの？
キナコ〜〜!!!
ガバッ

そこに水が流れていたからなめただけ

落ち込んで泣き出した飼い主に近づき、こぼれ落ちる涙をそっとなめる……傷ついた心に寄り添ってくれるような行動に、猫と心が通い合ったような気持ちになる人もいるかもしれません。しかし、これも別になぐさめようとしているわけではないのです。

近づいてくるのは、いつもと違う飼い主の様子が気になって、確かめようとしただけ。そうして顔を見たら、水が流れている。野生時代、半砂漠で暮らしていた猫は、水を見つけるととりあえず飲んでおくという習性があります。だからペロリとなめただけなのです。「なんか、この水しょっぱい」と思ったかもしれません。

そもそも、猫は「悲しいから泣く」ことがありません。猫が涙を流すのは、単なる病気です。ですから涙を見たとしても、「悲しんでいるんだな」とは思いません。でもまあ、飼い主の様子に気づいてくれただけでも、よしとしようじゃありませんか。

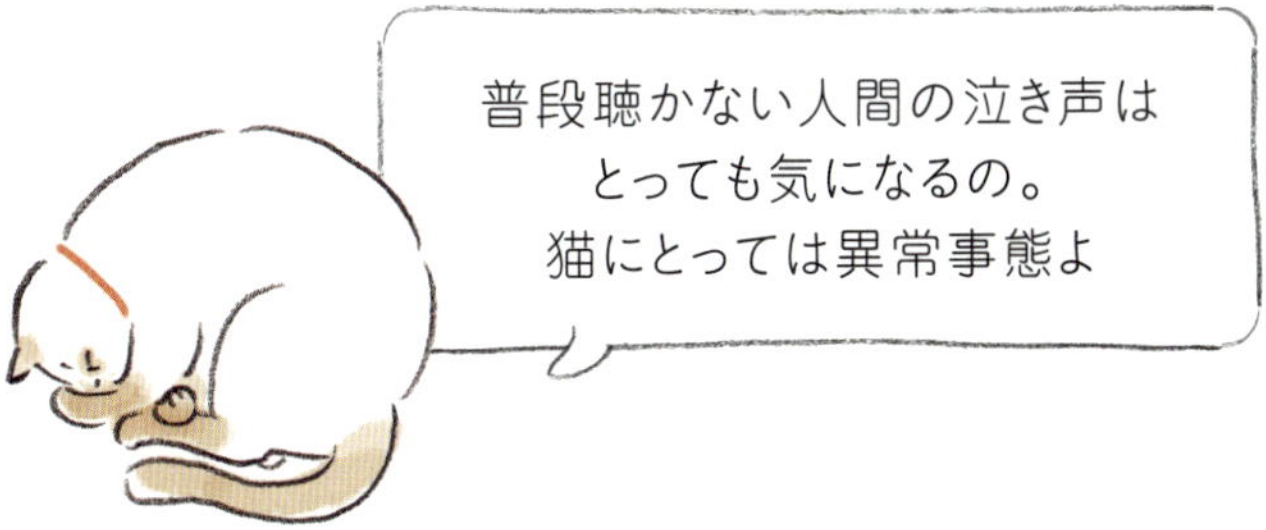
普段聴かない人間の泣き声はとっても気になるの。猫にとっては異常事態よ

34　お見舞い？

ゼー
くるっ
にー
ゲホ
ゲホ
ゲホッ
私…どれくらい寝てた？
ボー
ぐにゃ
ピヨッ
うう～ん
ムクリ
ありがとう、キナコ…
スウ…
え…
ズラズラ
ピヨッ
な…ナニ、コレ!?
わっ
ポヨン
ポヨン

心配したつもりはないけれど……

病気の飼い主のそばで添い寝。いつもは一緒に寝てくれない猫の場合は特に、「自分を心配してくれている」と思ってしまいますが、残念、これも、普段と違う様子の飼い主が気になって観察しにきただけです。そのうち眠くなったのでその場で眠っただけでしょう。

寝ている飼い主におもちゃを持ってくる理由は、2つ考えられます。ひとつは、単に「遊んで」。退屈で、遊んでほしいとアピールをしているのです。もうひとつは「食べ物をあげたつもり」。寝込んでいる飼い主を見て急に親猫スイッチが入り、獲物（おもちゃ）を子猫（飼い主）に与えてあげたくなったのかもしれません。自分よりもはるかに大きな飼い主を子猫に見立てるなんて不思議ですが、野生ではカッコウに托卵された小鳥が、自分より大きなカッコウのヒナにせっせとエサをやるという例もあります。食べ物をくれていたつもりだとしたら、お見舞いといえないこともないかも？

飼い主がいつもは起きている
時間に寝ていたりすると、
なんかおかしいって気づくよ

35　ここ　なでて

よしよし
ぐい ぐい
ん?
…アゴか?
グイ
グイ
アゴなでれ
ゴロゴロゴロゴロ…
かき かき
なんで猫はのどをかいてやると喜ぶんじゃろうなあ?
ふうむ…
人は別に気持ちよくないがの…
ゴロゴロゴロ
ゴロゴロゴロ…

かゆいのに毛づくろいしにくい部分

　舌を使って全身を毛づくろいする猫。でも頭部だけは、自分でなめることができません。前足で顔を洗って間接的に唾液をつけることはできますが、やはり直接なめるよりは効果が半減します。

　それなのに、頭部には臭腺がたくさんあります。臭腺は自分のにおいの分泌物が出る部分で、顔の横や口の周辺、あご下にあります。そしてその臭腺はむずがゆい部分でもあります。むずがゆいのに、自分ではなめることができない。だから、頭部をほかの猫になめてもらったり、人になでてもらうと気持ちいいのです。くわえて、顔の横や口の周辺なら壁や人の足にこすりつけることができますが、あご下だけはそれも難しいという、とってもかゆい部分なのです。

　自分では毛づくろいしにくく、さらに食事でも汚れやすいあご下は、猫《ねこ》座《ざ》瘡《そう》と呼ばれるニキビのようなものができることも。特にオス猫はできやすいので、定期的にチェックしてあげましょう。

あご下は弱点でもあるから
信頼している人にしか
なでさせないわ

36 不公平

ポカ
ポカ
ペロ
ペロ
ゴロ〜ン
サクラは毛づくろいに余念がないな…
せっせ
ペロ
ペロ
美しい毛並みだ…
…コタローはてきとーだな
ボサ
チョイ
チョイ
ペロ
ペロ
スス…
おっ!
おお…
ざりざり
うっとり…
うーむさっぱりしました♡
どーいたしまして
ムクッ
次はコタローの番かなー?
……
あれ…行っちゃうの?
フフ〜ン
♪
なんだか不公平だなあ…
スタスタ〜

メスはきちんとさんでオスはズボラ

個体差はありますが、メスはきちんと毛づくろいするのに対し、オスは適当に済ませることが多いのは確か。これは、性別による性格の違いです。

メスは子育てをする役割があります。いい加減な性格では、子を育て上げることなどできやしません。子どもが産まれたら、何匹もの子を毛づくろいしてやる必要もあります。体中毛づくろいして、ウンチやオシッコもなめ取って、巣を清潔に保つのです。もともとそういった習性があるので、ほかの猫の毛づくろいまで面倒を見てあげることも多いのです。

一方オスは、基本的に子育てしません。交尾したらそれでおしまい。多少ズボラでも問題ないのです。いつまでも子どもっぽくて甘えん坊なのもオス。毛づくろいされるだけで自分はお返ししないのは、すっかり子猫気分でいるからでしょう。

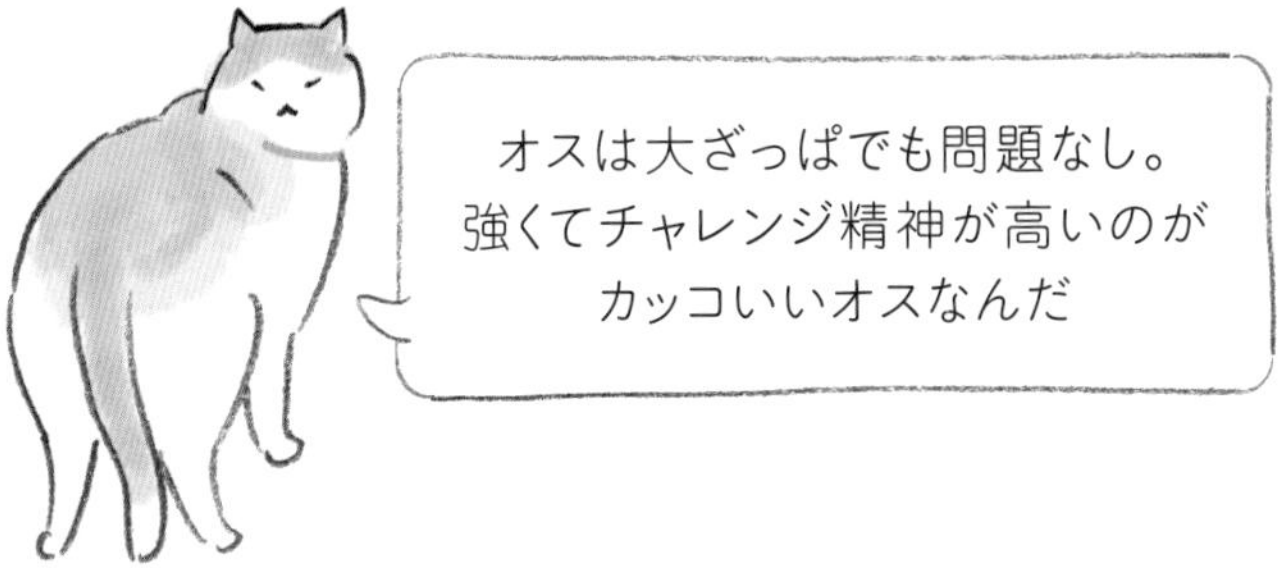
オスは大ざっぱでも問題なし。強くてチャレンジ精神が高いのがカッコいいオスなんだ

37 スリスリ

キナコ ただいま～
にゃ～ん
なあ～ん
スリスリ
ごめんね～ すぐごはんに するからね
んな～
にあ～ん
ス～リ
ス～リ
にゃ～ん♡
スリスリ～
スリスリしてくれるの… 帰った時とごはんの前だけ なんだよな…
ガサ…
FOOD
なんだかな～

お互いのにおいを交換して仲良しに

仲良しの猫どうしは、お互いに体をこすりつけ、においの交換をします。例えばAとBの仲良し猫の場合、居心地がいいのはABが混ざり合ったにおい。混ざり合ったにおいが両者ともに付いている状態が、一番落ち着きます。これは、猫と飼い主との間でも同じです。外出先から帰った飼い主は、猫のにおいが薄れています。猫は飼い主が外で付けてきたにおいを嗅ぐとともに、自分の体をこすりつけ、自分のにおいを付け直しているのです。

ごはんの前にスリスリするのは、ごはんをくれる飼い主を母猫に見立て、子猫気分になっているから。子猫が母猫にスリスリしている気分です。また、なわばり内はすべて自分のにおいを付けたいのが猫の本能。壁や家具の角にスリスリするのはそのせいです。人に甘えたいときに家具にスリスリするのは、甘えたい気持ちが高ぶって、ところかまわずスリスリしたくなるためでしょう。

顔や体にある臭腺を
こすりつけることで
自分の印が付けられるのよ

コラム

猫のための飼い主講座 2

Q なぜ飼い主は、アタシが毛づくろいしてあげるのを嫌がるの？

A　せっかくこっちが毛づくろいしてやってるのに、「痛い痛い」ってやめさせるよね。せっかく愛情表現してるのに、わがままな奴らだ。だけどどうやら、人間は毛に覆われている部分が少なくて、毛に覆われていない部分は毛づくろいが必要ないみたい。オレたちの舌は毛づくろい用にザラザラしてるじゃない？　それが皮膚に直接当たると痛いんだって。肌が荒れる人もいるらしいよ。
人間も頭には毛が生えてるから、今度から頭を毛づくろいしてやろうかな。あっ、でもうちのじいさん、ほとんど毛がないや。

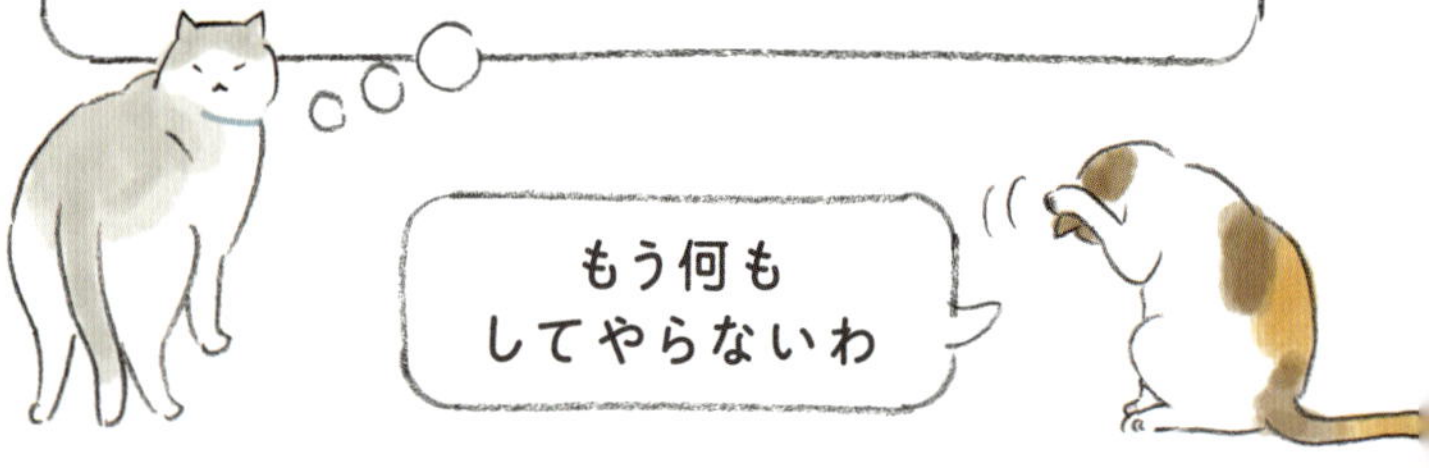
もう何も
してやらないわ

PART 3

それって嫌がらせ？

38 すぐ汚す

ザク
ザク
うーん…もう全部交換するかの
よっよっ
ザー
ゴミ袋
ねこ砂
はーきれいになった…
フフ
ねこ砂
ピカ
ピカ
スッキリ〜
サク
のそ…
あー…
掃除したばかりなのに…
チー
いつもコレじゃのー
ちょっとしか出とらんし…
プミ

きれいすぎるのは落ち着かない!?

きれいに掃除したばかりのトイレに、すかさずオシッコ！　しかもちょっとしか出てなくて、オシッコを我慢していたというわけではなさそう。これは飼い主への嫌がらせとしか思えない……。そんな話をよく聞きます。でもこれ、決して嫌がらせではありません。

猫にとってトイレは、大切ななわばりの一部。汚なすぎるのは困りますが、自分のにおいがしないのも嫌なのです。特にオスはなわばり意識が強いので、自分のにおいを付けておきたいのでしょう。オシッコが溜っていなくてもなんとか出します。まったく出なくて格好だけのときもあります。多頭飼いの場合は、「アイツより先にオレのにおいを付けておきたい」という気持ちもあるでしょう。

トイレを清潔に保つのは大切ですが、においがまったくしなくなると、そのトイレを使わなくなる恐れも。トイレを丸洗いするときは、古い砂を少し取っておき、きれいになったトイレに入れましょう。

排泄のためじゃなく
マーキングのためのオシッコ。
自分の印を付けておきたいんだ

39　クサイ？

ただいま〜
お父さんお帰りなさい！
ごはん温めるから早く着替えて下さいよ〜
あいよ〜
お、帰ったぞ〜
にゃ〜
よーしよし
ぐりぐり
パサ
クン
クン
ポッカーン
・・・
そんなにクサいか…？
なら嗅ぐなよ〜毎回毎回…

放心というより恍惚？　たまらないにおい

においを嗅いだ後、口を半開きにして放心しているような顔。「クサすぎ……」と言っているような顔ですが、実は「たまらん！」というのが近いです。猫には、ヤコブソン器官といって、口の中の前歯の後ろに、においを感じ取る器官の入り口があります。鼻とは別の経路でにおいを感じ取るこの器官は、フェロモンを嗅ぎ分ける器官といわれています。鼻で「フェロモンぽい」においを感知したら、口を開けて、このヤコブソン器官ににおいを運ぶのです。このときの顔が、口を半開きにしてぽかーんと放心したような顔になるのです。

異性のフェロモンを感じ取るのが本来の役目ですが、人間の体臭にも近い成分が含まれているようで、脱いだ靴下や靴の中、脇の下のにおいなどを好んで嗅ぎたがる猫も。フェロモンを感じ取ることができるのは猫だけではなく、馬やヘビなど多くの動物がこの能力を持っています。

フェロモンからは
その猫がオスかメスか、
発情中かまでわかるのよ

40　気に入らないの?

カリ
カリ
シャカ
シャカ
カシ
カシ
ん?
カシ
カシ
また残してる…
これも気にいらないの?
またほかのカリカリ探さなきゃ…
カシ
カシ

後でまた食べるために保存しておきたい

食べ残したごはんに前足で砂をかけるしぐさ。「こんなの、もういらない！」と言っているようですが、これは野生では後でまた食べるために土や葉をかけておくしぐさ。獲物の肉は、そうしておくと2〜3日もつそうです。つまり「今はいらないから、取っておこう」というつもり。近くにある布などをたぐりよせてかぶせる猫もいます。

そもそも、猫本来の食性では、一度に食べる量は少ないものです。いわゆる「ちょこちょこ食い」で、置き餌があれば、一日に10回以上に分けて少しずつ食べる姿が観察されます。単独で生きる猫にとって、つねに動きやすい体重をキープしておくのは大切ですし、隠しておいた肉がほかの猫に横取りされることも基本ありません。飼育下でも、1匹で飼われている猫はこの習性が強く働くのでしょう。

ただし、猫本来の本能が薄れて、ドカ食いする猫や肥満になってしまう猫もいるので、食事量を猫に完全に任せるのは危険です。

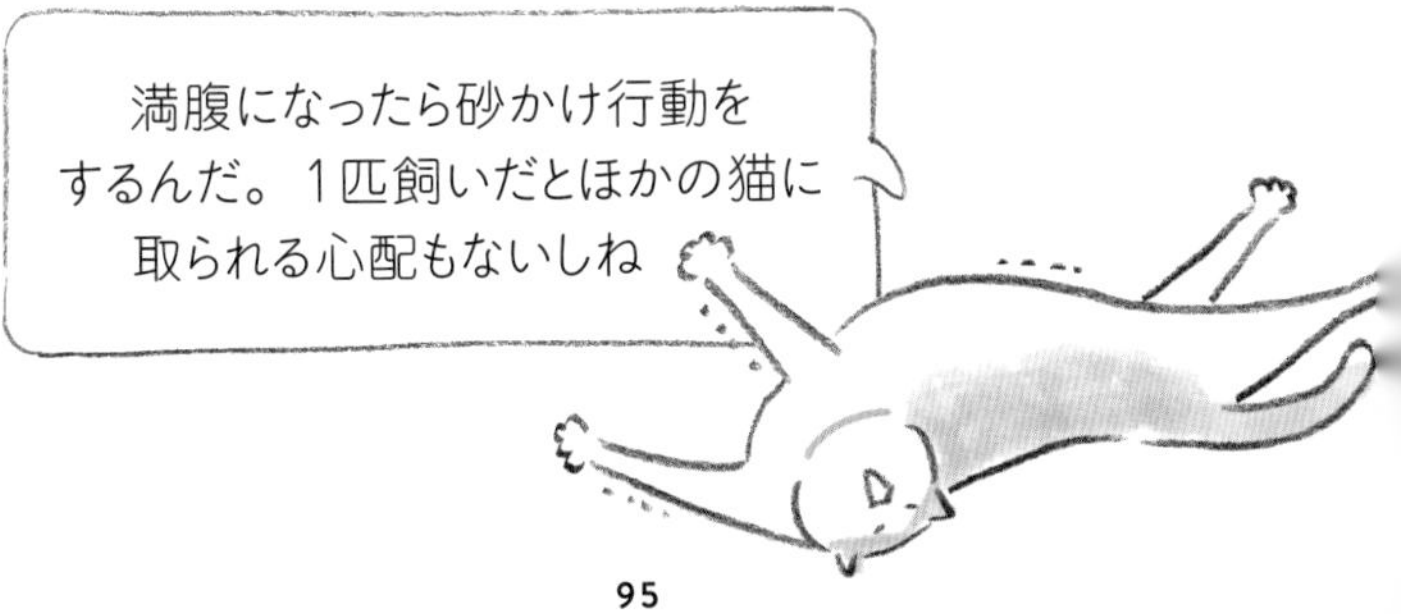
満腹になったら砂かけ行動をするんだ。1匹飼いだとほかの猫に取られる心配もないしね

41　邪魔したい

フー
ペラ…
たしっ
あー
これこれ
やめんかー
ボテッ
フム…
便せんは
2枚で足りる
かの…
ドサーーッ
ブミー
ちょっと
コテツ…
ちょっとお前さん
どいて…
重っ…
やーよ

そばにいたいのと、紙が好きなのと

読んでいる新聞や雑誌、書きかけの手紙やチェック中の書類。紙類を広げるとどかーんとその上に乗っかる猫。「いやいや、邪魔だから」とどかしても「なんでどかされたの？」という顔をしてまた戻ってきます。

猫には「読みたい」「書きたい」は理解できませんから、邪魔をしているつもりは毛頭ありません。猫が乗ってくる理由は2つ。ひとつは飼い主さんのそばにいたい、かまってもらいたいから。文字を読んでいる姿は、猫には「ただじっとしている」ようにしか見えませんから、「何もしないんだったら、かまってよ」「眠るの？ だったらボクも」というふうに目の前に来るのです。もうひとつは、単に紙が好きだから。紙のカサコソという音は葉っぱの下にいる獲物を連想させますし、破って遊ぶのも楽しい。特に、新しく家に持ち込まれた新聞や雑誌には、自分のにおいも付けたいのでしょう。

読むのや書くのが
そんなに大切なこと？
アタシのほうが大切でしょ

42 恩返し？

ミーン
ミーン
スーピー
ミーン
ミーン
ひょこ
スー
んが…
んに
はいどーぞ
ポテ
ジッジジジジジー
ドキー！
バタタタタ
ほがっ
ジジジ
ほい
もーつかまるなよ～
コテツお土産はもういいから…
ねて…
ブミァ…

オス猫は、おみやげのつもりはない?

飼い主を子猫に見立て、親猫の気持ちになって獲物を与えてやるという心理があるのは、81ページで説明した通り。しかし、子育てをするのはメス猫。ですから親猫気分で獲物を持ち帰るのはメス猫に多い行動です。しかし、飼い主に獲物を持ち帰る行動はオス猫にも見られます。オス猫にも子育ての本能がまったくないとはいえませんが、あっても弱いものでしょう。

考えられるのは、狩りの本能で獲物を捕らえ、安全な巣(家)に持ち帰ってみたものの、食べる気はなかったというもの。実際、野生の猫にも食の好みはあり、特定の獲物はまずいようで、捕らえても食べないことが多いとか。また、ネズミを捕らえてもそこにキャットフードがあると、ネズミをほったらかしにしてフードを食べるという報告もあります。「狩りの欲求」と「食の欲求」は必ずしも結びついていないのです。

キャットフードで満足してると
獲物を捕らえても食べない。
フードのほうがおいしいんだ

43 起こしてあげる

ギラッ
すー
06:05
すー
チュン
チュン
AM 06:05
ドス!
ぐふっ
げほ げほ
ま…また…
なぁーん
スリスリ
はいはい
朝ごはんね…
もー少し優しく
起こしてくれるとうれしいんだけど…

「こうすればごはんをくれる」とわかっている

毎朝、目覚まし時計が鳴る前に飼い主を起こす猫。明らかに、ごはんがほしくての行動です。「高いところから飼い主の上に飛び降りる」というやり方も、「この方法なら必ず起きる」と覚えたのでしょう。場合によっては、高いところから物を落とすことを覚える猫もいますから困ったもの。起こされたくないなら、決して猫の策略で起きないことが大切です。一度でも起きてごはんをあげると、猫はその方法を学習してくり返します。ただ、鳴き続けたり何度も落下してくる猫を無視し続けるのもなかなか大変で、ごはんをやったほうが早いという気もしますが……。

ちなみに、毎朝だいたい同じ時刻に起こすという猫もいますが、これは光の加減や周囲の物音（新聞配達や鳥のさえずりなど）で時刻を推し量っているのです。別に時計が読めたり、超能力が働くというわけではありません。

つまり、アタシたちが飼い主を
しつけてやってるの。
ごはんをくれるようにね

44　家電好き

わー
いけーっ
ワーワー
おっ!!
ガシャ
ぐりん
あーっ
ちょっコタロー!
ぶらーーん
もー いいトコロなのにー
ワーワー
邪魔だなぁ…
んもー さわがしー
コタローどいてー!
うわっ
のしっ
ナゾの文面
この時私のグループ
行われhhhhnnnn
ooooooaaass
KKKmmnnn
ナー
ああっ レポートがっ!!

高価な猫用ヒーター？

ブラウン管テレビから薄型テレビに替えたときに、「これで猫がテレビの上に乗る姿も見られなくなるのかな」と思った人も多いでしょうが、健在ですね、テレビに乗る猫。そんな細いところでよくリラックスできるなあと思いますが、相変わらず乗っています。

使用中の家電は「温かい」というのが、猫が家電に乗りたがる最大の理由でしょう。ほかに、飼い主の注目を集められるというのもあります。飼い主が自分を無視（？）してテレビに注目しているので、それならばと視線の先に移動するのです。テレビの上から満足そうに飼い主の顔を眺める猫もいます。使用中のパソコンの上に乗るのは、96ページの「新聞の上に乗る猫」と同じで、飼い主のそばにいたい気持ちもあります。これが困りもので、おかしな文字列を打ち込むのはまだしも、変な操作をしてどう戻せばいいかわからないことも。壊すのだけは勘弁してほしいものです。

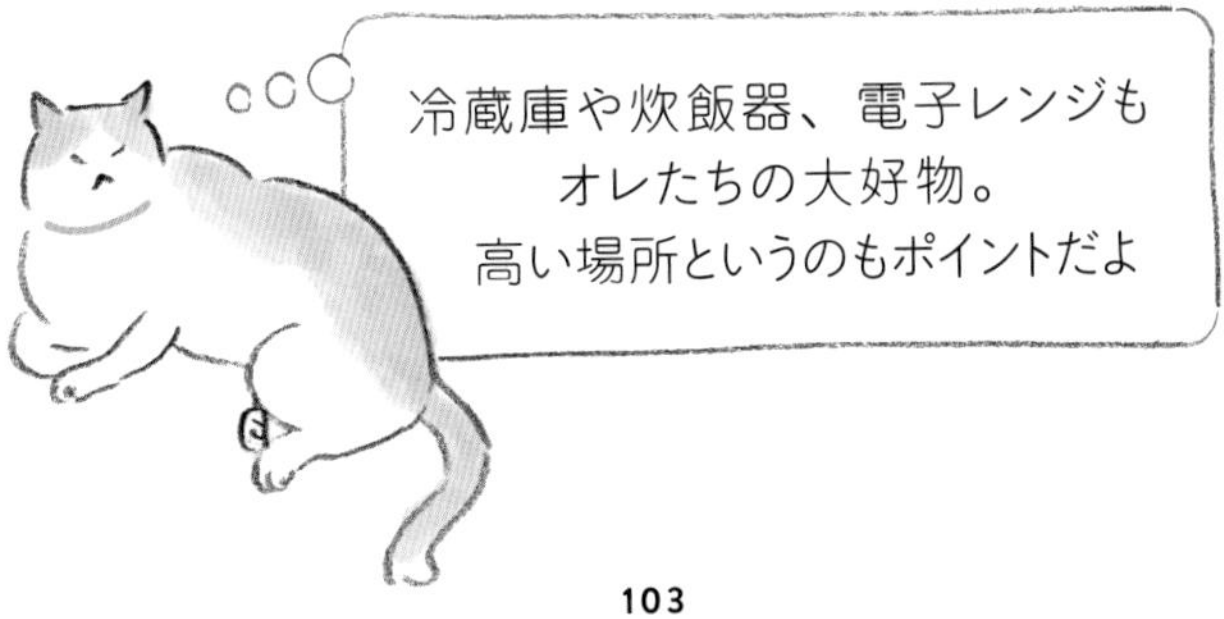
冷蔵庫や炊飯器、電子レンジも
オレたちの大好物。
高い場所というのもポイントだよ

45 猫は三日で…

国際線ターミナル
またねー
じゃーねー
キナコ、寂しがってるだろうな…
そわそわ
ゴトン
ガタン
ガチャ
キナコ〜〜 ただいま〜〜♡
シ————ン…
あ…れ?
キナコ…? ただい…ま…
え〜と…
ピロリン♪
しら〜っ
20:03
お帰りなさい! キナコちゃんイイコでしたよー♪
ペットシッター○○より
キナコ… 私のこと忘れちゃったの?!
……

環境の変化についていけない

「猫は三日で恩を忘れる」。旅行から帰ったとき、愛猫にそっけない態度をとられると、そう思ってしまうことでしょう。では本当に、猫は飼い主のことを忘れてしまうのでしょうか？　そんなはずはありません。猫はそこまで記憶力が悪くありません。では寂しかったので怒っているんでしょうか？　それも違います。猫は本来単独生活者。寂しいなんて感情があったら、ひとりで生きていけません。

猫は、「いつもの日常」が崩れるのが嫌いなのです。毎日、見知ったなわばりで、見知った仲間（飼い主）と同じように過ごすのが安心なのです。なのに突然いなくなり、知らない人が現れる。そこで「いつもの日常」が崩れます。仕方なく新しい環境（シッター）に慣れ始めた頃、飼い主が再登場。困惑です。めまぐるしい環境の変化についていけず、そっけない態度になってしまうのです。猫の戸惑いも理解してあげましょう。

「猫は三日で恩を忘れる」は嘘。
だってそもそも、
恩なんて感じてないもの

46　おいしいセーター

ごそ
ごそ
ん？
あっ!!
コラッ サクラ！
にゅるっ
くちゃ
くちゃ
あーー!!!
穴が開いちゃったー！
ガーーン
ナ〜
姉ちゃん〜 オレのも…
ぐすっ
ボロッ…
ソウタもか…
このセーター お気に入りだったのに…

赤ちゃん返り？　それとも繊維不足？

猫が布を食べてしまうのは「ウールサッキング」と呼ばれ、布製品のなかでも特にウール製品に対して多く見られる行動です。理由ははっきりとはわかっておらず、いくつかの説があります。

ひとつは、母猫のお乳を吸っているつもりという説。早すぎる離乳をした猫にこの行動が多いことから、お乳を恋しがって布を吸い、その延長で食べてしまうのだといわれます。動物繊維であるウールは、母猫を想起させるにおいなどがあるのかもしれません。

もうひとつは、食物繊維が不足しているという説。猫は野生では小動物の毛や小さな羽根も一緒に食べていたため、繊維を食べたいという欲求があり、布をかじるのだというものです。これを解消するためには猫草を与えたり、食物繊維の豊富なフードに替えるなどが有効といわれています。布を大量に食べると胃腸に詰まり、開腹手術が必要になることも。何かしらの対策をとりましょう。

服に付いた人の体臭に
反応しているという説も。
謎の行動だよね

47　負けるか！

のそ…
は…
ガサ
ピクッ
すや〜
だだだだだだだだだー
プシー
プシー
スタスタ…
フシャー!!!
ガバッ
うっ
くさっ！ナニっ!?
ぷ〜ん
ドサッ
あらコタロー帰りましたよーっと…
ぷ〜ん
ガサ
ガサ
ナー

なわばりを守るためのマーキング

立ったまま後ろ向きに噴射するオシッコは「スプレー」と呼ばれます。普通のオシッコより強烈なにおいで、猫が使うマーキング手段のなかで最も効果が高いものです。普段スプレーをしない猫が突然するようになるのは、自分のなわばりを侵されるのではないかという不安の表れ。野良猫や新参猫の出現がきっかけになることもあります。また、スプレーはなわばり意識の強い未去勢のオスに多い行動ですが、去勢済みのオスでもメスでも、不安を感じると行います。やめさせるには、不安の原因を取り除いてあげる必要があります。

ちなみに、スプレーのオシッコが臭いのは、壁や木の幹など高い位置に噴きかけることでにおいが広がりやすいのに加え、肛門の両脇にある肛門腺からにおい物質を追加しているという説があります。さらに、成熟したオス猫のオシッコには、去勢済のオスやメスの4倍のにおい物質が含まれているそう。臭いわけですね。

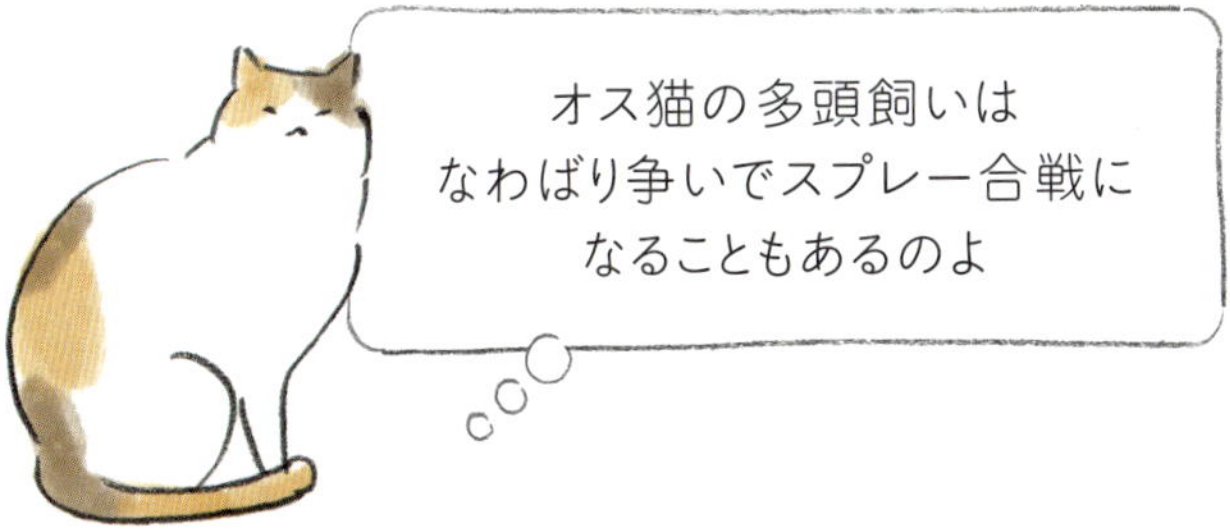
オス猫の多頭飼いは
なわばり争いでスプレー合戦に
なることもあるのよ

48　魅惑のティッシュ

猫は何でもおもちゃにするからのー
?
あれはじいさんがいつも隠している…
……
ちょいちょい
!
しぱっ
何かめっちゃ出てくる…
しゃっ
しゃっ
しゃっ
コテツただいー…
ああっ
しまった…しまうの忘れとった…
ブミッ
ワサ　ワサ～

いくらでも出てくる不思議なおもちゃ

猫のいる家ではティッシュペーパーを置きっぱなしにしてはいけません。格好のおもちゃとなるからです。もともと紙は大好きですし、次々に出てくるのも不思議でたまらないし、穴は狩猟本能をかきたてます。空き箱も大好物で、無理やり入ろうとして顔がはまってしまうことも。とことん楽しめる代物なのです。

ティッシュを前足ではなく、口でくわえて引き出す猫もいます。くわえては頭をブルブル振って口から放し、くわえてはまたブルブル……。まるで、鳥の羽根をむしっているようです。ある学者によると、猫は「羽根をむしる」という行動が本能的に大好きなんだとか。動物園のヤマネコにハトを与えてみたところ、夢中になって羽根をむしり、羽根がなくなると、興奮さめやらぬ様子で近くの草をくわえてむしり始めたそう。確かに、猫は段ボールなどを噛んでむしるのも大好きですよね。ゴミを掃除してくれれば、文句はないのですが……。

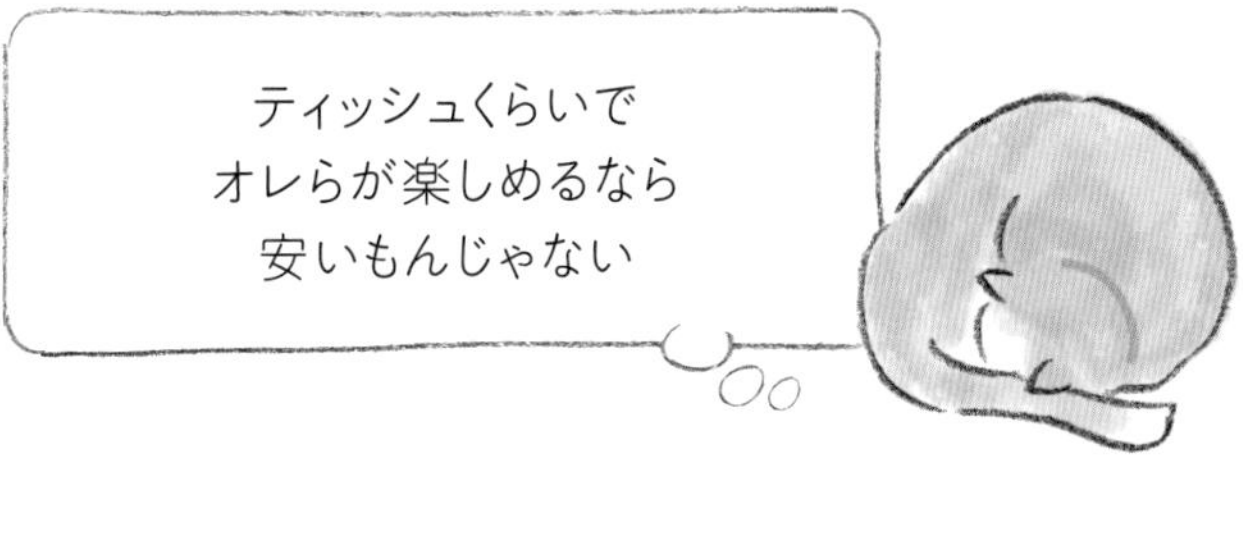
ティッシュくらいで
オレらが楽しめるなら
安いもんじゃない

コラム
猫のための飼い主講座 3

Q うちの飼い主、ひとりでずっとしゃべってることがあるんだけど、病気かな？

A そのとき、何か手に握ってしゃべってない？

それ、「電話」っていうらしいの。よくわかんないけど、遠くの人と話せる機械みたい。でも、猫にはわかんないわよね。ただ飼い主がひとりでしゃべっているように見えちゃう。たまに大声で笑ったり、かと思えば泣き出したり、びっくりさせられるわ。アタシも昔、何事かと思ったわよ。ずっと声を出してるのは、自分を呼んでるのかもと思って、ニャンニャン鳴いて返事しちゃった。心配してまとわりつく猫もいるらしいわ。何にせよ、アタシたちを無視してるのは許せないわよね。

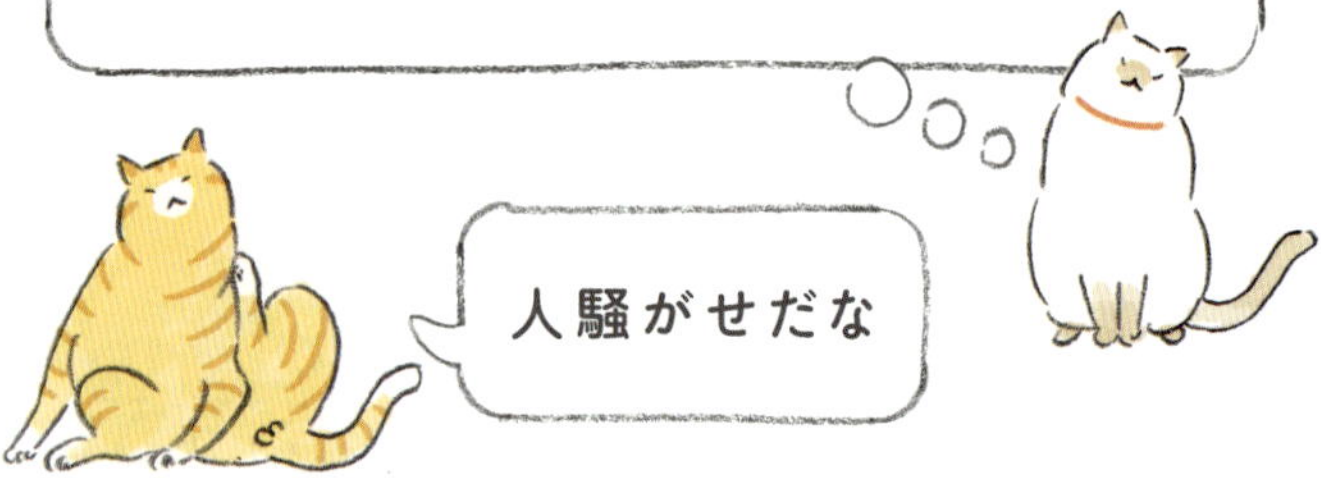

PART 4

猫ってすごい！

49 グルメ

ちょうど
さばきたてで
新鮮だよ～
うおいち
昨日の残りものに
マグロの刺身も
あったがの…
安いマグロ
うまそう
じゃな～
高級マグロ
両方
食べよう…
まいど
あり～
どーも
フフ～ン♪
コト
スンスン
スンスン
おっと
しょうゆ
しょうゆ…
昨日の安いマグロ
本日の高いマグロ
かちゃ
かちゃ
は…
ニリャっ
したたっ
はあー…
高いほうを
食いおって…

おいしい肉や魚を見分ける力は天下一品!

高いほうのマグロを盗んだのは偶然ではありません。猫は、おいしい魚や肉がわかるのです。

たんぱく質を構成するのはアミノ酸ですが、猫は、このアミノ酸の良し悪しを見分ける能力――つまり、おいしい肉や魚を見分ける能力が高いといわれています。猫の舌の味蕾(味を感じる細胞)にはアミノ酸に反応するものが一番多いことも、それを裏付けます。考えてみれば、肉食である猫にとって最も大切な栄養素はたんぱく質ですから、最重要の栄養素の良し悪しがわかるようになっているのも当然かもしれません。また、酸味や苦味にも敏感で、腐ったものを食べてしまわないようにできています。

さらに、猫の嗅覚は人の20~30万倍ほど鋭く、口に入れなくても、においを嗅ぐだけでおいしい肉や魚が判別できるともいわれます。触らずともピタリと当たる、まるで超能力ですね。

値段の高いほうを選んでる
わけじゃなく、おいしいのが
たまたま高いだけなの

50 シンクロ

仲良しだと気持ちも行動もシンクロ

仲良しは自然に行動がシンクロする。それは人間だけではなく、猫でも同じことです。猫は子猫時代、母猫やきょうだい猫の真似をしながら成長するので、もともと根底に、仲の良い相手と同じことをしたいという気持ちを持っています。特に飼い猫はいつまでも子猫気分でいますし、一緒に暮らす飼い猫どうしは食事の時間などが同じですから、自然と行動がシンクロしがち。食事の時間が同じだと、食後の毛づくろいもほぼ同じタイミングで始まります。毛づくろいの順序は無秩序ではなく決まっているので、毛づくろい中のポーズもシンクロする確率大です。

猫どうしだけでなく、猫と飼い主もシンクロします。猫と目を合わせてゆっくり瞬きをすると、猫にトロンとした気持ちが伝わり、眠り始めることがあります。飼い主と猫がそっくりな寝姿をしていることもあります。仲が良いからこそ起こる現象です。

同じ場所で寝ていると
気温が同じだから
同じ寝姿になることも多いよ

51　察知

フフ〜ン♪
スイスーーイ
ペロ
ペロ
ちらっ
今日はキナコの健康診断の日…
感づかれないようにしなきゃ
いつも通りに…
スーイ
ペロ
ペロ
ペロ
ペロ
ほっ…
は…
しゅば
あっ
キャリーバッグ
イヤっ
ああ〜…
失敗…
キナコさーん
行きませんか？

「キャリー＝大嫌いな病院」とわかっている

残念ながら、動物病院に連れて行くことを猫は「自分の健康のため」とは考えません。「知らない場所に連れて行かれて、知らない人に嫌なことされる」としか思わないでしょう。まれに病院が平気な猫もいますが、たいていの場合は大嫌いです。嫌いな場所に行くときだけキャリーに入れられているなら、嫌なものとして覚えて当然です。猫は嫌な目に遭ったことを決して忘れません。

キャリーを普段から部屋に出しておき、ベッドとして使わせ慣れさせる、という方法がありますが、すでにキャリーを「危険な場所」と認識している場合は入るはずがありません。新しいキャリーでこの方法を試すしかないですが、そのキャリーで病院に連れて行けば、そのキャリーにも入らなくなります。病院に連れて行くたびキャリーを買い替えるわけにもいかないので、「とにかく手際よく捕まえて入れる」という方法しかないようです。

いくら自然な演技をしたって
バレバレ。キャリーを見ただけで
すぐわかるんだから

52 伸縮自在

コタロー 伸びている時
にょい――ん
コタロー 通常時
びょ～ん
そっ
ねー母ちゃん 45cmだった! 今までの最高記録だよ!
1.5倍くらい長くなってるって!
フーン?

実際、猫の体はよく伸びる

体を伸ばして寝ている猫を見ると「長いな!」と驚かされます。柔軟性が高いため丸くなっているときと伸びているときのギャップが激しいというのもありますが、実際、猫の体はよく伸びるようにできているのです。

骨と骨をつなぐ関節がゴムのように伸びるのは人も同じですが、猫の場合、人より伸びる率が高く、0.5㎜から1㎝まで、20倍も長くなる関節もあるそう。結果、背骨のすべての関節が伸びると、体長が2〜3割増すんだとか。1.5倍まではいきませんが、1.3倍までは実際に長くなるんですね。

ちなみに、猫も年を取ると関節炎になることが知られています。あるデータでは8歳以上の猫の3割が関節炎を患っているとか。年を取ったからあまり動かなくなったわけではなく、痛くて歩きたくない可能性もあるので、注意して観察してあげましょう。

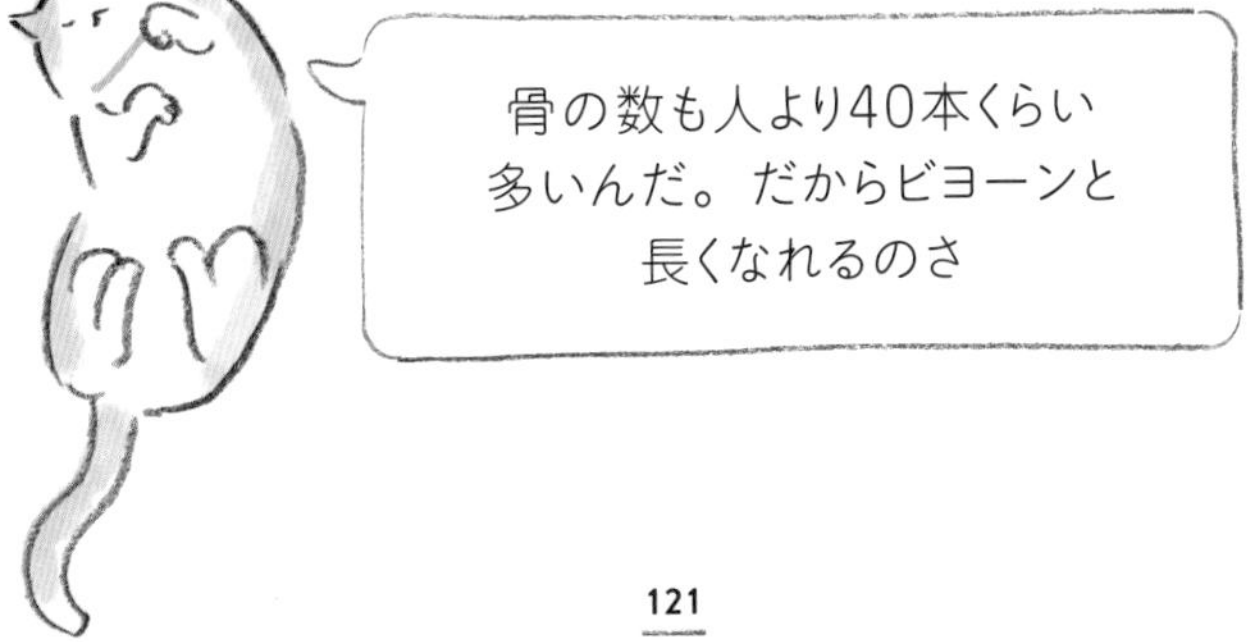
骨の数も人より40本くらい多いんだ。だからビヨーンと長くなれるのさ

53　本妻にバレる

チリン…
チリリ
にゃおん
はわ〜自分から寄ってきた〜
なつっこ〜い
かわい〜
よしよし〜
うな〜
キナコただいま〜
ナ〜
たた…
あ…やっぱりわかります？
くんくん
くんくん
な…なんか浮気が見つかった気分…

いうまでもなく、バレてます

猫の嗅覚の鋭さは前述の通り（115ページ）。外でほかの猫のにおいを付けてきたら、当然バレます。猫が落ち着く、「自分＋飼い主＋部屋」のにおいに、未知の猫のにおいが持ち込まれたのですから一大事です。下手をすると、スプレーでマーキングされる恐れもありますから注意が必要。猫に浮気は隠せないのです。

ある実験によると、野良猫は同じグループの猫と、時々出会う隣のグループの猫と、出会ったことのない未知の猫のオシッコのにおいを嗅ぎ分けることができるそうです。未知の猫のオシッコは最も気になるため、嗅ぐ時間が長くなるそう。

ちなみに野良猫は感染症のウイルスを持っている危険があります。強いウイルスだと、靴の底などに付いたまま長期間感染力を持ち続けるものも。万が一にもうつしてしまわないように、野良猫を触った後は手洗いや消毒をするなど注意しましょう。

においでバレバレ。
本妻を大事にしないと
あとがコワイわよ

54　人の手は借りない

お?
おやコテツ!
ス—
カリカリ
フ〜
スス…
ナ〜
はいいってらっしゃい
ガチャ
びょん
おおっ
裏口
ガシャ
やるのう…
あっでも中身あさっちゃいかん!
カシ
カシ

器用すぎるのも困りもの?

前足で器用にドアを開ける猫。なかには引き出しや冷蔵庫まで開ける輩もいて、油断できません。

一方、犬はここまで器用に前足を使うことはできません。「猫パンチ」はあるけど、「犬パンチ」はありませんよね? そう、猫と犬の前足には決定的な違いがあるのです。それは、猫は前足を左右に動かせるということ。犬は、左右にはほとんど動かせないのです。前足を左右に動かすには鎖骨が必要なのですが、犬はほとんど退化してなくなっています。犬の場合は左右にブレずに前後だけに動くよう固定したほうが、長距離を走るのに好都合だったのです。対して猫は長距離を走る必要はなく、獲物を前足ではたいたり、抱え込んで蹴りを食らわせるなど、左右にも動かせることが大切でした。顔を洗うのにも、木に登るにも、左右への動きは必要。かくして猫の前足は器用なのですが、イタズラは勘弁してほしいものです。

カリカリを前足に乗せて
食べたり、前足に水を付けて
飲む猫もいるよね

55　涼しいのは ココ

ブーン
あー
あっついのー
ミーン
ミーン
は…
コテツは
どこじゃ?
おーい
コテツやー
キョロ
キョロ
おっ
でろ〜り
ペタリ
ひんやり…
そこは涼しそうじゃのう
ブミッ
ワシも寝たいが
さすがにのう…

涼しい場所は猫に聞け

毛に覆われている部分は熱に鈍感なのですが（27ページ参照）、皮膚が露出している鼻の頭と肉球は敏感。特に湿っている鼻の頭は敏感で、人間には感じ取れないわずか0.2℃の違いを判別することができるといわれます。この鼻をいわば温度計のように使って、快適な温度の場所を探し出すのです。ですから夏は最も涼しい場所、冬は最も温かい場所を猫は見つけることができます。

とはいえ、どこへ行っても暑いときは、飼い主側の対策が必要。暑さには比較的強い猫ですが、最近のような猛暑はさすがに辛く、冷房なしだと熱中症にかかることもあります。口を開けてハアハアと呼吸していたら熱中症のサインです。

ちなみに、食べ物の温度も鼻で測っているといわれます。熱いものは、口に入れなくても鼻で感じ取れるのです。確かに、誤って熱いものを食べて口の中をやけどしてしまっては大変ですもんね。

家の中で最も涼しい場所と
温かい場所は猫のもの。
飼い主には渡さないわ

56 しゃべれます

シャラ〜ン
まって！ずっと前から あなたのことを…
んニャー
ニャー
うろ
うろ
あと10分…
待っててねー コレ見てから…
ナー
そわ
そわ
ごあーーん！
いっ…今 ゴハンって言った?!
なーん
バッ
すごい キナコ！

たまたまその鳴き方をしたら……

「ごはん」が、「うちの猫がしゃべる言葉」ナンバーワンだそうです。それにはこんな流れが考えられます。ごはんの要求で猫が鳴く↓しつこく鳴く、いろんな鳴き方で鳴く↓たまたま「ごはん」に聞こえる鳴き方をしたときに飼い主が反応した、実際にごはんをくれた↓その鳴き方を覚えてくり返すようになった。ごはんをもらえる、飼い主が反応する、という報酬で身に付いた習慣ということです。

それにしても、猫の鳴き声は人の声に近いものがあります。特に人間の赤ちゃんとは区別がつかないほどです。それには理由があり、猫の声帯は頭部に近い場所にありますが、人間も赤ちゃんの頃は声帯が頭部に近い位置にあるのだとか。それが成長するにつれ徐々にのどに下りてくるのだそうです。また、のどの大きさや声帯の柔らかさも猫と赤ちゃんは似ています。赤ちゃんのような鳴き声も、人が猫に惹かれる理由のひとつなのかもしれません。

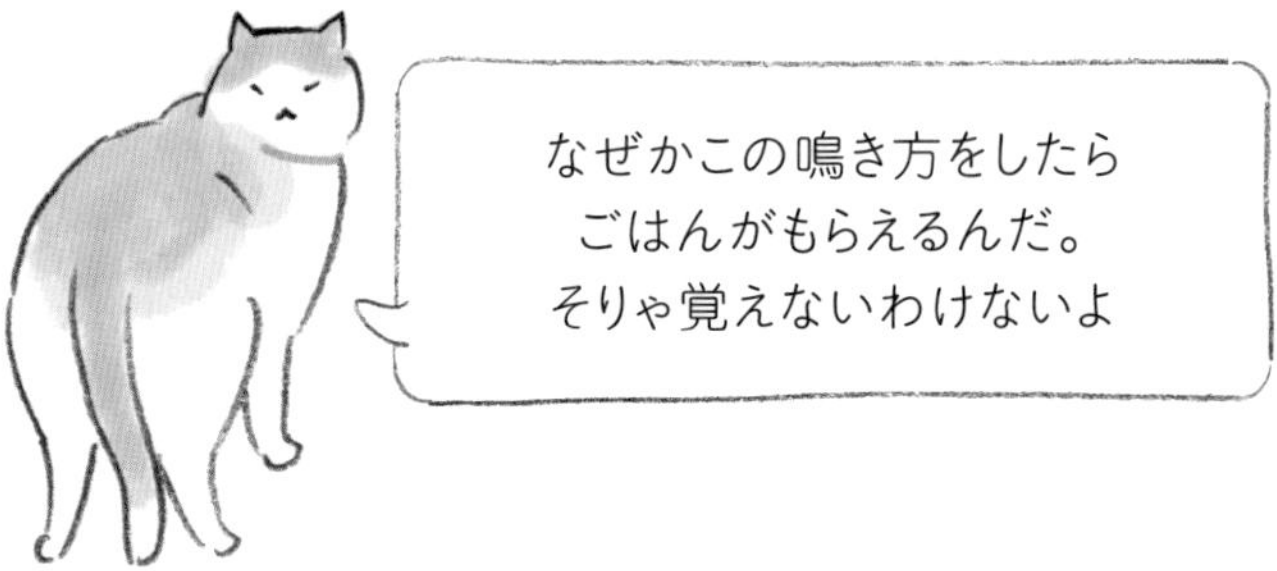
なぜかこの鳴き方をしたら
ごはんがもらえるんだ。
そりゃ覚えないわけないよ

57　ケンカをやめて

チャラララ〜
ラララララ〜
〜♪
これから俺、アニメ観るから
かして!
はぁ?
今日は私が歌番組観るんだから!
アニメ録画するって言ってたじゃん!!
てこ　てこ
いやだね!
はなしなさいよっ
ぐぬぬぬぬぬぬ…
アニメ!
歌番組っ
アニメっ
ナオーーーン
ナオーーン
ナオーーン
えっ…
は…
サクラ?
ご…ごめんサクラ…
ナアーーオン
ナオーーン
ケンカやめるわ…

最初は不安で、次からは学習して鳴く

猫が家族ゲンカの仲裁をしてくれる、というのはよく聞く話ですが、猫は別に、ケンカを仲裁しようとして鳴くわけではありません。家の中でケンカが勃発すると、それは猫にとっては「平穏ないつも通りの日常が壊された」状態です。不安です。心がざわつき、猫は鳴くのです。その結果、人間がケンカをやめ、いつも通りの日常が戻るのは猫にとって思わぬ「よい結果」。一度こうしたよい結果を経験すると、猫は学習します。また同じように家族がケンカを始めたら、同じように鳴き始めます。今度は「こうすれば静かになる」とわかっていて鳴くのです。

いつも通りの日常を壊されたストレスは、鳴くことのほかにも、トイレ以外での排泄やスプレー、過剰グルーミング、胃腸障害など、さまざまな問題につながる恐れがあります。猫の幸せのためにも、家族間のいさかいは控えたいものです。

うるさくない“冷戦”でも
猫は敏感に雰囲気を察知して
気づくのよ

58 地獄耳

フンフーン♪
ジュー
コト
ツナ
ちら
……
ツナ
音をたてないように開けなくちゃ…
そ〜…っ
カシュ
ツナ
あっ…やっぱ音が…
ヤバ…
シュバ
ナ〜〜
ごめん…キナコ。キャットフードじゃないの…

「おいしい音」には特に鋭い

猫に缶詰を与えているおうちでは、ほかの缶詰を開けたときも猫が飛んできますよね。ほかにも、カツオブシをあげているおうちではその袋を開ける音に反応しますし、フードが入っている引き出しを開ける音に敏感に反応する猫もいます。

これらはすべて、優れた猫の聴覚(49ページ参照)のなせる技なのですが、「そんなに耳がよくちゃ、日頃うるさくてたまらないのでは?」という疑問もわいてきます。でもご安心を。「カクテルパーティー効果」という言葉をご存知でしょうか。ザワザワしているパーティーの中にいても、知っている人の声や自分の名前などはよく聴き取れるという現象です。余計な情報は排除して、必要な情報だけを耳が拾うのです。猫も同じようなことを行っていることがわかっています。大きな音の出ているテレビの上で、気にせずぐうぐう寝ているのがその証拠です。

自分の好物の音は
絶対に聴き逃さない!
一番気になる音だもん

59　10点満点

バランスをとる秘訣はしっぽにあり

猫のバランス感覚のよさはご存知の通り。幅3㎝くらいあれば、その上をスイスイと歩くことができます。このとき役に立っているのがしっぽです。しっぽを動かしてバランスを保っているのです。サーカスの綱渡りで、長い棒を人が持って歩くのと同じ。人は棒を傾けることで左右のバランスをとりますが、猫はしっぽでバランスをとるのです。そこから考えると、しっぽの短い猫はしっぽの長い猫より、多少バランス感覚が劣ることになります。

高いところから落下するときの猫も、しっぽをまるでプロペラのようにぐるんぐるんと回しています。しっぽで揚力が得られる……わけではなく、これも空中でのバランスをしっぽでとっているのです。猫は背中側から落ちたとしても、0.5秒以内でくるりと体の向きを変え、足から着地することができます。人間にはできない芸当ですね。

落下中に体勢を立て直すのは
得意だけど、迷惑だから
実験しようとしないでね

コラム

猫のための飼い主講座 4

Q なぜ飼い主は、毎日風呂に入るの？

A 大量の水の中に浸かるのは不思議だったけど、あれは体の汚れを取っているんだって。アタシたち猫は時々砂浴びをするけど、人間は鳥と同じように「水浴び」をするのね。猫はもともと水の少ない半砂漠で生きてきたから、水浴びしなくても毛づくろいだけで体の清潔を保てるわ。それなのに、時々無知な飼い主が猫を風呂に入れようとして困っちゃう。長毛の猫じゃなければ、入らなくても大丈夫なのに……。毛づくろいといえば、いわゆる「獣臭」を取るのも大事な役目のひとつ。犬はあんまり毛づくろいしないから獣臭がするけど、私たち猫から獣臭がしたら、こっそり獲物に近づいてもすぐに気づかれちゃうものね。

PART 5

飼い主は不服です

60　うざい

ひとりでいたい「おとなモード」なのです

こちらから頬ずりしたときには拒否するくせに、自分からはスリスリしてきたり、猫って本当に勝手です。でも、仕方がないのです。「おとなモード」と「子猫モード」が入れ替わってしまうのですから（13ページ参照）。

本来、おとなの猫はひとりで生活しています。ほかの猫となわばりが重なったエリアでも、出会わないように時間調整をしたり、万が一姿が見えても、目を合わさずに「気づいてませんよ」という顔をしてやり過ごします。そこまで他者との接近を避けているのです。個体差はありますが、野良猫は見知らぬ他者が180㎝の距離まで近づくと逃げ出すといわれています。でも、子猫のときは別。母猫やきょうだい猫と密着して過ごしているのが普通です。飼い主を拒否するときの猫は「おとなモード」。ひとりでいたいおとなモードのときに、あまりしつこくするとうざがられるので気をつけましょう。

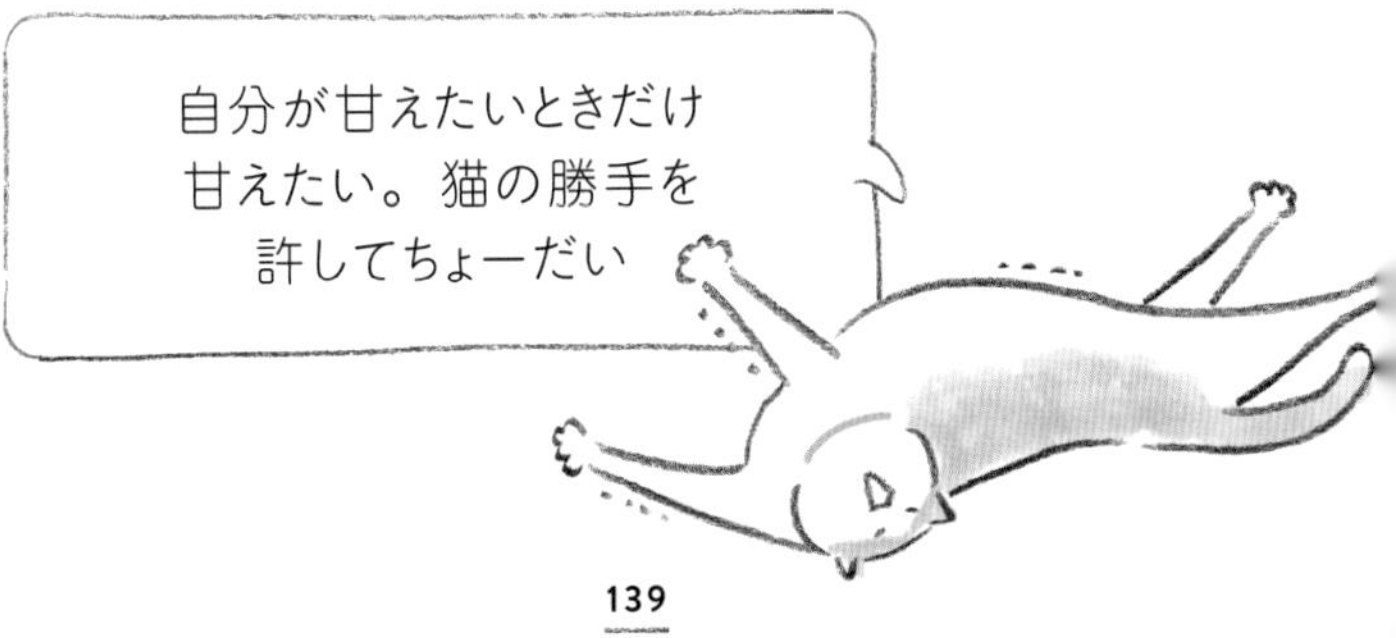
自分が甘えたいときだけ
甘えたい。猫の勝手を
許してちょーだい

61 俺の場所は？

プロスポーツ
10勝
ワーワー
いそいそ
今日はどこが勝ったかなー
ん?!
でーーん
いい席は早い者勝ち…ね
仕方ない…
ふあ～もう寝よ…
ででーーん
お…おいおい…
せまいな～
ゴソ…
キミたちもうちょっとゆずり合いの精神とか…
…ないよね。

猫は「自分に優先権がある」と思っている？

猫が人間のソファーやベッドを占領するのはよくあること。どいてほしくても、大きな顔をして座っています。

基本的に、立場の弱い猫は強い猫が来ると場所を譲りますが、いつでも、どんな場所でも譲るわけではありません。例えば弱い猫でも固有のなわばりは死守しますし、強い猫もそれを無理に奪おうとはしません。また、共有スペースは仲のいい猫どうしなら一緒に過ごしたり、さもなくば時間帯によって優先権が変わったりします。昼間はAの猫に優先権があるけど、夜はBの猫が優先される……というふうに、同じ場所をタイムシェアしていることもあるのです。

そのように気遣いあって共有しているスペースですから、後から来た人間が猫をどかして独占するのは、猫にとっては失礼なこと。「コイツ、猫のルールをわかってないな」と思われても仕方ありません。小さく横に入って共有させてもらいましょう。

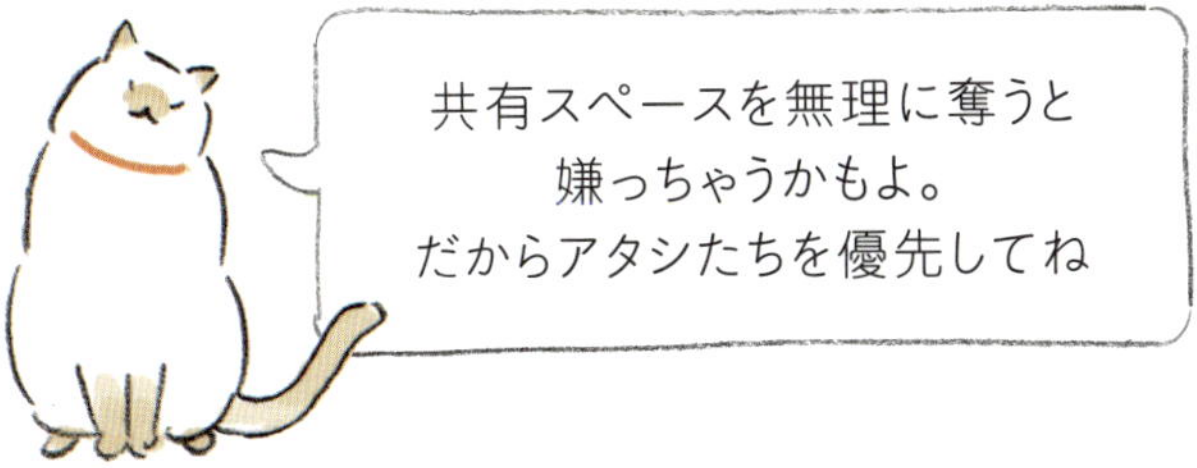
共有スペースを無理に奪うと
嫌っちゃうかもよ。
だからアタシたちを優先してね

62　お気に入り

カシ　カシ　カシ　カシ
あっ…あのネズミのおもちゃ！
ずいぶんボロボロになって…
新しいおもちゃを買うか…
ガシ　ガシ
フフフ…
じゃじゃ〜ん
今回はちょっとお高いの選んじゃったわよ〜
い〜でしょ〜
キラキラしてゴージャスな猫じゃらし
あ…あれれ？
ビヨン　ビヨン
フイッ
え…どーしてえ〜
わたたたたた
いつものネズミ

猫の価値観と人の価値観は違う

猫の好みは本当にわかりません。古くてボロボロになったおもちゃがお気に入りだったり、ボロボロの箱を好んで寝床にしたり。そうしたものを好む理由のひとつは、「自分のにおいが染み込んでいるから」でしょう。いわゆる「ライナスの毛布」の心理と近く、あるだけで安心できるのです。おもちゃやぬいぐるみを、子猫を運ぶように口にくわえて運んだり、毛づくろいする猫もいます。こうした「汚いもの」を人間が洗濯するとたんに興味をなくすこともあるので、やはりにおいが決め手なのでしょう。

ちなみに、マンガのようにキラキラと光を反射させるおもちゃは猫の興味を引ける可能性がありますが、カラフルなだけのおもちゃは実は意味がありません。猫は色を見分ける力が劣っており、人の1/16程度しか見分けらず、しかも赤色はほとんど見えません。カラフルなおもちゃも、猫にはほぼモノクロにしか見えていないのです。

形、におい、音など
猫にしかわからない魅力が
あるってことだよ

63　傷つくしぐさ

あなたのにおいを味わっている⁉

「触られちゃったわ。やだやだ」といっているようなしぐさに見えるかもしれませんが、ご安心を。これは別に、触られたことが嫌だったわけではありません。触られたことで乱れた毛を整えるためと、においを調整しているだけなのです。87ページにもある通り、猫が安心できるのは「自分＋飼い主＋部屋」がちょうどよく混ざったにおい。なでられた部分は飼い主のにおいが強くなりすぎたため、自分でなめてバランスを取っているのです。また、なでられた部分をなめることで、飼い主のにおいを味わっているともいわれます。そう考えると、嬉しい行為ですよね。

猫は自分の体に付いたにおいや物質をすべてなめ取ってしまうため、愛煙家の家の猫は舌癌になりやすいというデータがあります。毛に付いた発がん性物質を舌でなめ取ってしまうためです。猫のために、家での喫煙は控えたいものです。

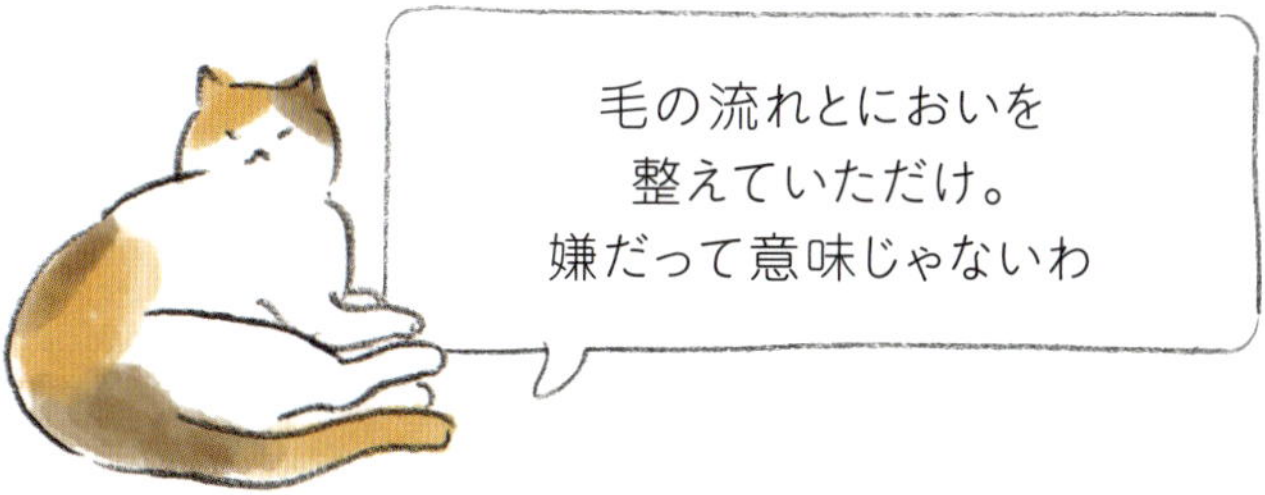
毛の流れとにおいを
整えていただけ。
嫌だって意味じゃないわ

64　お詫びのしるし?

反省どころじゃない

噛みついた後、ペロペロとなめてくれるのは「ごめんね、許してね」の意味なのでしょうか？　いいえ、狩猟本能を刺激されて興奮した猫は、そんなに早く我に返りません。ペロペロなめるのは、実は、捕まえた獲物を味見しているつもりなのです。前足で人の手を抱え込んだまま、ペロペロとなめる子もいます。かわいいなあなどと思って油断していると、またガブリ！　とやられます。野生の猫も、獲物をしとめた直後は興奮して、ひとしきりダンスを踊るような無意味な動きをして気持ちを発散することが知られています。そうして発散させた後に、ようやく食べ始めます。一度火がついた狩猟本能は、そうすぐには収まらないものなのです。

まずは、人に噛みつくことを癖にしないように、手や足では遊ばせないことを徹底するのが大切。必ず猫じゃらしなどを使って遊ばせるようにしましょう。

あまり遊んでくれないと、
歩いてる人の足に
飛びついちゃうこともあるよ

65 開ける

カリカリ
あぉ〜ん
なぅぉ〜ん
開けて〜
なぁ〜ぉ
あ〜おん
いつもは呼んでも来ないくせに…
なあ〜おん
にゃ〜う
んな〜お
にゃ〜ん
な
はぁ…

いつでも入れるようにしておいてほしい

とりわけその部屋に入りたいわけではなく、「いつもは自由に出入りできるのに、不自由な状態になっている」のが、猫は我慢ならないのです。ドアを開けて入れたら入れたで、すぐ出て行ってしまったりします。人間にしてみれば「何なの？」という感じですよね。こういうとき、いつもより「哀れっぽい」声で鳴くのも偶然ではありません。子猫が母猫を求めるような切実な鳴き方はもともと持っていますが、「この声で鳴くと、飼い主は要求を聞いてくれる」とわかると、積極的に使うようになるのです。

こうしたわがままは、年を取れば取るほど強くなる傾向があります。経験したことが多ければ多いほど、そのなかで最上のもの、最上の状態を求めるためです。そこそこのフードを食べていて満足していたのに、それよりおいしいフードを一度でも食べたら、もう元のフードでは満足できないのが猫なのです。

いつでも好きなときに入れる状態にしておきたいの。でも入るかどうかは、猫の自由よ

66 猫ゆたんぽ 叶わず

冬の夜ーーー
う〜〜っさむ〜〜い
こんな日はキナコと
一緒がいいよねー
いそ
いそ
うふふ♡
バフ
するん
あっ
はー
寒いから一緒に
寝てほしいのに〜〜
くるり

布団に入ってほしいなら、猫から入るのを待て

いつもその上で寝ている布団でも、入ったことのない「中」は猫にとって未知の空間。初めての場所には危険があるかもしれない、と猫は考えます。一方で好奇心もありますから、「行こうか、どうしようか……」と考えます。意を決して飛び込むのに、どれくらい時間がかかるかは猫次第。「行っちまえっ」と割合すぐ飛び込む猫もいれば、「怖いな……大丈夫かな……」といつまでもぐずぐずしている猫もいます。しかしいったん意を決して飛び込み、安心とわかればなわばり認定され、次からは問題なく入るようになります。

しかし、自らの意志ではなく、否応なしに連れて来られた場所は警戒します。怖くて逃げ出したい猫を「なんで逃げるの」などと言って無理やり押しとどめようものなら、怖さ100倍です。「ここは何か怖いところに違いない」と思い込み、警戒して寄りつかなくなります。猫の警戒心は自ら克服させることが大事なのです。

暑がりの猫は布団の中よりも
外のほうが快適な場合も。
無理にゆたんぽにしないでね

67　反省の色が見られない

怒られたストレスを紛らわそうとしている

叱っている最中に大あくび。人間なら「反省の色が見られない！」といってますます怒られても仕方がないところですが、猫の場合はちょっと話が違います。この場合、飼い主がものすごく怒っていることは猫に伝わっています。猫は緊張し、その緊張を緩和させるためにあくびをしたのです。23ページの「毛づくろい」と同じで、転位行動のひとつ。こういうときのあくびは眠くてするわけではなく、警戒しながらなので目を開けたまま行います。目を合わせようとするとそらすのは、ケンカをふっかけている（ように見える）飼い主と、正面衝突しないようにするためです。

ちなみに、猫を叱ることで行動が改善することは基本ありません。猫は本能に忠実な生き物なので、叱られたところで「怖いなあ」「今度は見つからないようにやろう」と思うだけ。壊されたくないものは出しておかないなど、物理的な対策を講じましょう。

猫には「反省」の文字はない。
でも怒られていることは
伝わっているわ

68　お口に合わない？

キナコー　ごはんよー
フン　フン
！
プイ
最近のお気に入りだったのに…
これも…もう飽きたの？
ガックシ…
アレもコレも
食べなくなったし…
どーすんの　コレーー
カリカリ　まぐろ
Cat Food
ダイエット
My Cat
スペシャル
FISH

動物は本来、味に飽きることはない

本当に、猫が次から次に味に飽きてしまうことはあるでしょうか。野生では多少のバリエーションはあるにしろ、捕まえられる獲物の種類は限られています。そんな猫が、「この味はもう飽きた」といって別の味を求めたところで、生きていけるでしょうか？　たいていの動物は、似たような食事を続けるものです。むしろ、子猫の頃に食べ慣れたものしか受け付けなくなることもあります。

考えられるのは、猫は「飽きた」のではなく「今は食べたくない」だけということ。野生では猫は毎日決まった量を食べていたわけではありませんし、食事をセーブすることで体調を整えようとすることも考えられます。それを飼い主が先回りをして新しいフードを与えれば、食欲がなくても興味を引かれて食べることはあるでしょう。食べないのが病気のせいでなければ、しばらく様子を見ることも必要です。

食べなければもっとおいしい
ものが出てくるとわかってる
可能性もあるよ

69　爪とぎがあるのに…

おお コテツ
新品の爪とぎじゃ！遠慮なくバリバリしたらえーぞ
くんくん
よし！
バリッ
バリッ
バーリ。
すいっ
は－
ボロッ
ボロ…
なんで爪とぎを使ってくれんかのう…

爪とぎ器より、壁や襖のとぎ心地がいい

猫を飼うとき、悩みのひとつになるのが「壁や家具への爪とぎ」です。せっかく用意した爪とぎ器は無視され、壁や家具がボロボロ……というお宅も多いはず。猫が気に入る爪とぎ場所や材質はさまざまで、気に入ってくれない限り使ってくれません。何を気に入るかは、いろいろと試してみるしかありません。

また、爪とぎにはマーキングの意味もあります。肉球から出る汗でにおいを付けるのに加え、爪とぎ跡も視覚的なマーキングになります。なるべく背を伸ばして高い場所で爪とぎするのは、「オレはこんなに大きくて強い猫なんだぞ」と知らせるためです。一度マーキングした場所にはくり返しマーキングをしたがるため、壁や家具の被害は広がっていきます。ちなみに、他者の目の前で爪とぎするのは、自分が上というアピールの気持ちがある場合も。「オレ、アンタの前でマーキングしちゃうもんね〜」という感じでしょうか。

何を爪とぎに使うかは
猫の自由。人間が決めることは
できないのよ

70　落とすよね〜

￥500
ちびアニマル
わぁ〜キナコそっくり！♡
買っちゃお！
よく見える所に置かなきゃね〜
♪〜
コトッ
♪〜
フリ
フリ
ぴょん
くん
くん
スタッ
ハッ
ガタ
コトッ
ちょい
ちょい
キ…キナコやめっ
ガチャン
落とされた
ナ〜
はは…やっぱりね…

生きているかどうか調べている

気になるものは、チョイチョイと前足でつついて反応を見るのが猫の習性。「ちょっかいを出す」という言葉がありますが、語源は猫のこの行動だといわれています。チョイチョイが強めのバシバシになることもありますし、高いところにあれば落としてみることも。さんざんつついてみても動かなくて初めて、「なんだ、死んでいるのか」と納得するのです。無生物であれば当然動かないわけですが、猫は生物か無生物かを見ただけでは判別できません。大きな音を立てて家中を練り歩く掃除機が生き物のように見え、動いていないときの掃除機をバシバシ叩いている猫もいます。

このように猫は、動いていないと「死んでいる」と考えるため、狩りに慣れていない猫は獲物が気絶しただけで安心してしまい、興奮を鎮めるためのダンス（147ページ参照）をしている間にうっかり逃げられてしまうこともあります。

つついて、動いてくれれば
狩りごっこができて
楽しいんだけどなあ

71　脱走魔

ただいまー
ガラ
はた
バッ
ガン
サクラ〜ただいー
さっ
危なかったー…
コラ！サクラ!!
もー
おかえりー
また外に出ようとしたん？

飼い猫は本来、家の中だけのなわばりで十分

なわばりは、広ければ広いほどよいというわけではありません。基本的には、食べ物が事足りていればいいのです。その証拠に、都会の野良猫のなわばりは狭く、田舎の野良猫のなわばりは広いという事実があります。都会は人の食べ残しなどにありつけるので、なわばりが狭くてもやっていけます。一方、田舎の野良猫は自分で捕らえる獲物がメインの食糧のため、広いなわばりを確保する必要があるのです。しかし、なわばりパトロールに使う労力も多く、「もっと手近な場所で捕れたらなあ」と思っているかもしれません。

食糧の足りている飼い猫が外に出たがるのは、単純な好奇心。ですが、その好奇心が身を亡ぼすことがあります。交通事故や感染症など、屋外には危険がたくさんあります。「家に閉じ込めるのはかわいそう」と思うなら、「ここの生活って最高！」と思ってもらえるような努力をしましょう。とりあえずは毎日遊んであげることが大切です。

一度外の世界を知ると、毎日
パトロールしたくなっちゃうから
一度も外に出さないのが大切よ

72 文句

突然の不快な音には不満を表す

人間がクシャミをしたときに鳴いて文句を言う猫がいます。猫によっていろんな鳴き方があると思いますが、14ページと同じ痙攣するような鳴き方が多いようです。

クシャミのような勢いのある破裂音は、耳のよい猫にとってはひどくうるさく聴こえるのでしょう。犬の「バウ!」という吠え声に聴こえているという説もあります。とにかくそんな不快な音が突然近くで聴こえたので、嫌な気持ちであることは間違いありません。そもそも猫は口ではなく鼻でクシャミをしますから、それほど大きな音は出ません。猫にとっては人間のそれがクシャミとは思えず、「いきなり飼い主から大きな音が出た!」としか思わないのかも。

14ページの「カカカカッ」という鳴き声の意味は「葛藤」だといわれています。この場合も、「飼い主さんは好きだけど、この音はイヤ〜」という葛藤があるのかもしれませんね。

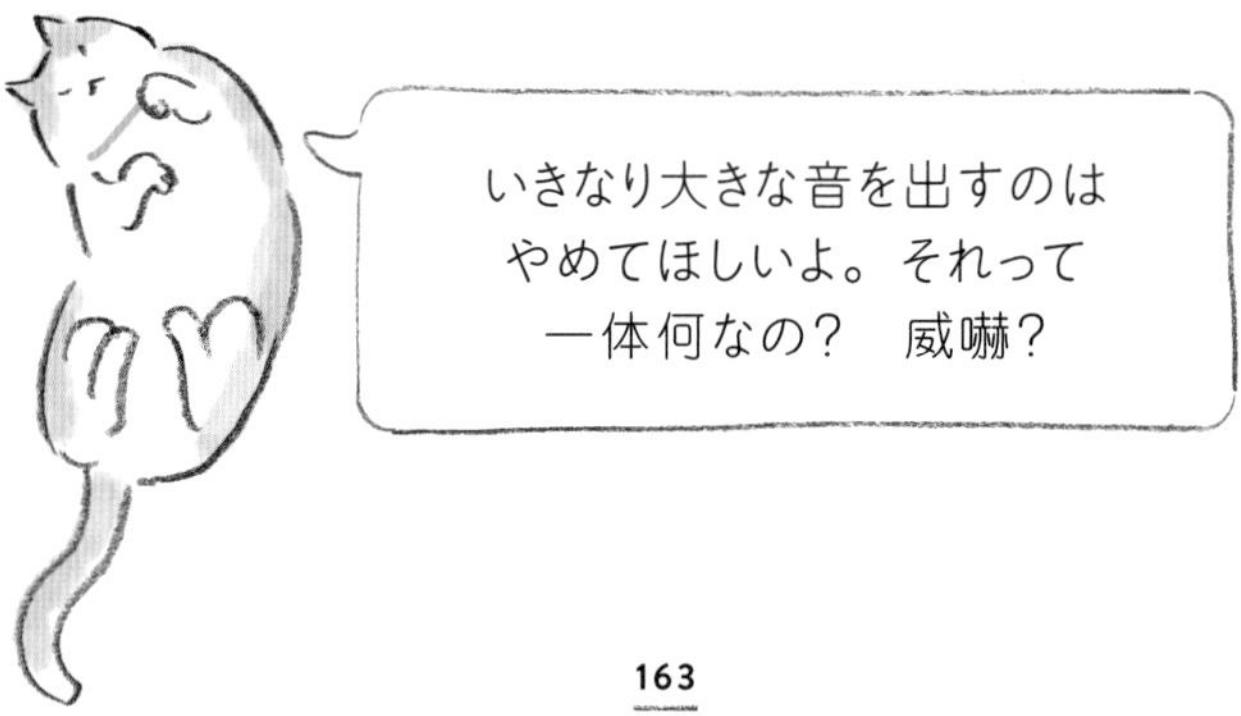
いきなり大きな音を出すのは
やめてほしいよ。それって
一体何なの?　威嚇?

コラム

猫のための飼い主講座 5

Q なぜ飼い主は、アタシたちの写真を撮りたがるの？

A 簡単に言うと、ボクたちがとってもかわいいからなんだって。それにしても、寝ているときにバシャバシャ撮るのはやめてほしいよね。あの「レンズ」っていうの、大きな目みたいで怖いし、落ち着かないよ。そうそう、フラッシュたくのもやめてほしいよね。ボクたちは光の感受性が強いんだから、まぶしすぎるよ。光の感受性が強いのは網膜の裏に反射板のようなものがあって、光を跳ね返すことで何度も網膜に光を通過させているからなんだけど、それがあるせいで正面からフラッシュをたかれると目が反射して光っちゃうし。撮るんならもうちょっとうまく撮ってほしいよ。

かわいいって罪ね

PART 6

猫って変なの～

73　こだわりのスタイル

足かけスタイルは砂が嫌いなせい?

トイレの際、砂に足をつけず、容器のフチに乗りながら用を足す猫がいます。前足だけフチにかける猫、後ろ足まですべてかける猫、はたまた3本足かけ派(前足2本+後足1本)など、さまざまです。

本来は砂に足をつけるのが普通。足をつけたくないのは、トイレ砂の感触を嫌っているからではないでしょうか。特に、大きい粒の砂は猫が感触を嫌うことが多いようです。こういう猫は、トイレの前後の砂かけ行動もおざなりです。

また、その猫にとってはその姿勢が排泄しやすいということも。なぜなら、オシッコのときは普通だけど、ウンチのときは足をかける、という猫もいるからです。「ウンチのときはこの姿勢がいいんだよなあ」という気持ちなのかもしれません。

ほかには、周りを見渡せるように高い位置をキープしているのだという説もあります。警戒心の強い子は、この理由なのかも。

排泄は本能的な行動だし
無防備になる瞬間だから
こだわりが出やすいの

74　安眠妨害

すかー
うーん
むにゃ…
う…
もぞ…
もぞ…
ごそ
のし…
足の間におさまってる
重苦しい…うごけん…
うごけんと思ったら…
ぜーぜー
またお前さんか…

安眠できないのは寝相のいい人

睡眠中、猫に乗っかられていてよく眠れなかった、悪夢を見た、腰痛になった……。そんな話を聞きます。猫がかわいいとはいえ、安眠を妨害されるのは辛いですよね。

人の体の上に乗るのは温かいからです。人の腕や足を枕代わりにする猫もいます。股間などは猫ベッドのフチのように囲われているスペースなので、寝るのにちょうどよいのでしょう。とはいえ、寝相が悪い人のそばではおちおち寝ていられません。ですから、こうして安眠を妨害されるのは寝相のいい人なのです。そのなかで眠りの浅い人は起きてしまい、眠りの深い人は悪夢を見るのかもしれません。

ちなみに、人の顔に近い場所で眠るのは子猫気分の強い猫。139ページでも述べた、他者と密着するのを好む猫です。そして、足元に近い場所で眠るのはおとな気分の強い猫。「温まりたいけど、なるべく放っておいてほしい」猫です。

猫が乗っているのに
勢いよく寝返りをうつ奴とは
寝ていられないよ

75 袋をかぶせたら

うりゃーー
ずぼっ
サークラっ
ガサ
ガサ
ガサッ
ガサ
ガサ
もーサクラーー
なんで後ずさりするかなーー
ガサ
ビクッ
ゴツ

動かない「穴」だと思っている

猫に紙袋などをかぶせると、なぜか後ずさりします。でもこれは、自然界で考えたら当然のこと。自然界では、後ずさりすれば「穴」から抜けられるのです。野生時代、狭すぎる穴に入ってしまったときなどは、後ずさりして出ていたのでしょう。野生時代の猫の周りに袋状のものなど普通ありませんから、袋を前足で取ることを思いつかないのも仕方ありません。このようなとき、焦らず前足で袋を取り去る猫は、ニュータイプの猫といえるでしょう。

余談ですが、現代の猫は、頭さえ入っていれば全身が入っていると思い込むふしがあります。猫を叱ると、ソファーの下に慌てて隠れるものの、おしりは出たままだったり。まさに「頭隠して尻隠さず」です。おしりをパチンとすると、ようやく奥にもぐり込みます。野生の本能が鈍っているのでしょうか。こんなことでは、自然界で生きていくのは無理そうです。

箱も袋も、猫にとっては「穴」。
穴から抜け出すつもりで
後ずさりするのよ

76 首根っこをつかむと

後のほうに運ばれた子猫は足を縮める？

猫は首の後ろをつかまれるとおとなしくなる習性があります。母猫は子猫の首の後ろをくわえて運びますが、そのとき子猫が暴れてしまうとうまく運ばれず、母猫とはぐれてしまうかもしれません。生死を左右することだけに、「首の後ろをつかまれるとおとなしくなる」という習性がしっかり刻まれているのです。

そうしてこのときに、「足をキュッと縮める猫は賢く、足を伸ばしたままの猫は賢くない」という話を聞いたことがあるかもしれません。しかし、これは特に根拠のない通説のよう。ただし、足をキュッと縮める猫は、母猫が巣を移動する引っ越しの際、「後のほうに運ばれた」ということはいえるかもしれません。引っ越しの移動距離が長かったり、子猫の頭数が多いと、最後のほうは母猫も疲れて首が下がり気味になります。足をキュッと縮める猫は、地面に足がつかないよう、縮める癖がついたのかもしれませんね。

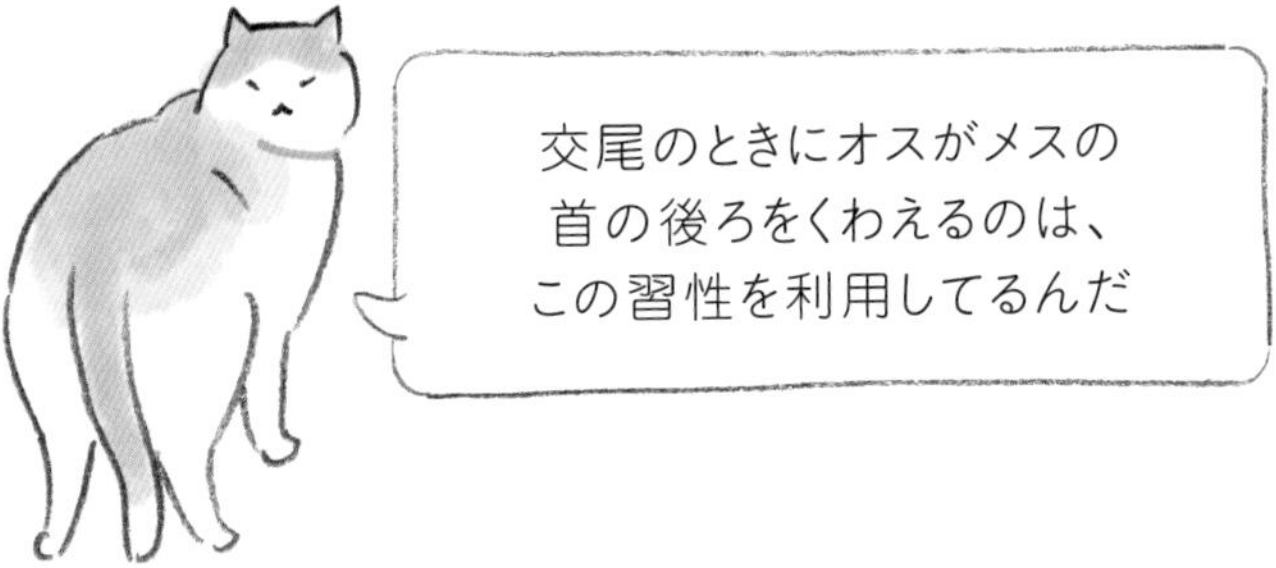
交尾のときにオスがメスの
首の後ろをくわえるのは、
この習性を利用してるんだ

77 猫転送装置

ただの「囲われた空間」でも入りたい

最近、ネットで話題になった「猫転送装置」。床などの平面にガムテープやひもで円を作ると、猫がその中に入るというものです。箱や袋に入るのはわかりますが、この場合はただの平面。一体何が猫を惹きつけるのでしょう？

考えられる理由のひとつは、猫の視力の悪さ（67ページ参照）。囲まれたスペースがあるだけで、そこを穴などと思ってしまうのかもしれません。もうひとつの理由は、「心理的なよりどころ」。何もない場所よりは、何かしらある場所のほうが心理的に落ち着くというものです。人間でも、だだっ広い空間にいたら、壁際に落ち着きます。壁がなければ、何か物体がある場所に落ち着くはずです。

猫が収まるのにちょうどよいスペースというのもミソ。広すぎたり、狭すぎたりすると入りません。個体差もあり、まったく興味を示さない猫も。あなたの猫でも転送装置、試してみては？

このくらいのスペースには
目がないの。入らずには
いられない、猫の性よ

78 オヤジ猫発見

飼い猫ならではの超リラックスポーズ

足を投げ出して人間のように座る、通称「オヤジ座り」。体が特に柔らかいスコティッシュフォールドでよく見ることから、「スコ座り」とも呼ばれます。スコもそうですが、体が丸っこくておしりの安定感のある猫がこの座り方をよくします。背もたれがなくても、同じように座れるツワモノの猫もいます。

それにしても、なんと無防備なポーズでしょう。弱点であるおなかは丸出し。足裏を床につけていないのも、警戒心のない証拠です。警戒中はすぐに動き出せるよう、足裏は下につけておくものです。香箱座《こうばこずわ》りと呼ばれる座り方がありますが、あれは警戒とリラックスが半々。後ろ足の足裏は下についていますが、前足は折り畳んで、足裏が下についていないからです。

これほど無防備な姿勢でいるのは、飼い猫ならでは。そんなにリラックスしているなんて、飼い主としては喜ぶべき、でしょうか。

おなかを毛づくろいしたときに
この姿勢、案外楽だなって
気づいたんだよ

79　謎のピクピク

すやー
かわいいなぁ…
ピクッ
ピク
ピクッ
ピク
んっ?
ピクピク
ピクピク
け…痙攣してる?!
そういえばこの前も…
何か変な病気?!
調べなきゃ

レム睡眠時には体がピクピクする

猫が睡眠中に口元や足先をピクピクさせているのを見て、慌てて動物病院にかけこむ飼い主さんもいると聞きますが、ご安心を。これはいたって正常な生理現象です。体は寝ていて脳は起きている「レム睡眠」の状態なのです。レムとは、「Rapid Eye Movement」の略で、脳が活発に動いていると眼球がぐるぐると回ることから名付けられました。レム睡眠時には寝言を言ったり、このようにピクピクと動いたりすることがあるのです。睡眠には体も脳も寝ている「ノンレム睡眠」もあり、睡眠中はレムとノンレムをくり返していることがわかっています。

ちなみに、人間ではレム睡眠時に夢をよく見ることが知られています。猫も夢を見るかどうかは永遠の謎ですが、寝ぼけて逃げ出す猫がいたり、子猫がお乳を吸うときのように寝ながら前足をグーパーさせる猫もいますから、きっと見ているのでしょう。

睡眠中のピクピクは正常。
ただし病気の痙攣もあるから
注意してね

80　ズリズリ移動

ウンチなどを床で拭き取っている

おしりを床につけたまま、前足だけでズリズリと移動するのは、肛門周りに違和感があるときです。ウンチのキレが悪かったり、下痢をしていたりすると、床にこすりつけるのですね。

単なる一時的な不調ならよいのですが、おなかに寄生虫がいて肛門がかゆい場合や、肛門のう炎になっている場合もあります。肛門のう炎とは、肛門の左右にある肛門腺が炎症を起こすこと。中の分泌物が溜まりすぎることによって起こり、ひどい場合には破裂してしまうこともあります。分泌物の溜まり方には個体差がありますが、溜まりがちな猫は定期的に動物病院などで絞ってあげる必要があります。

ちなみに、肛門のうから出る分泌物は、とっても臭いです。ウンチのときや、ケンカで興奮したときにここから分泌物を出すといわれます。スカンクのおならと同じです。猫が怒ったときに辺りが臭くなったら、肛門腺のにおいかもしれません。

床をズリズリ移動したら、
肛門周りに違和感がある証拠。
体に異変がないか注意だ

81 鏡との初対面

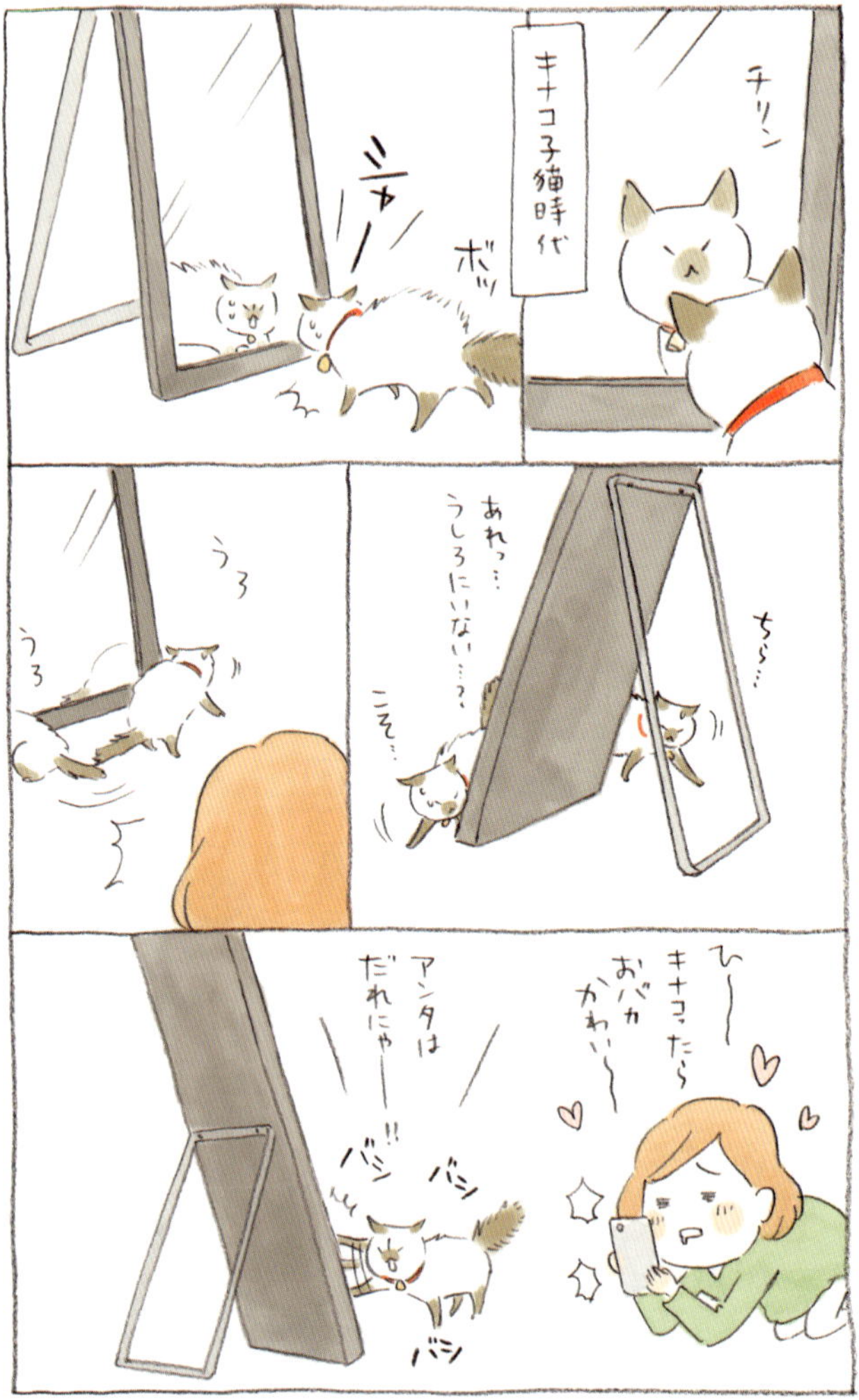
キナコ子猫時代
チリン
ミャー
ボッ
あれっ…うしろにいない…？
ちら…
こそ…
うろ
うろ
アンタはだれにゃー!!
バシ
バシ
バシ
ひ〜 キナコったら おバカかわい〜

初めて見たときはほかの猫と思っちゃう

初めて鏡を見た猫は、知らない猫がいると思って威嚇したり、鏡の後ろに回って探すなどの行動を見せます。ですがそのうち興味をなくして、見ても反応しなくなりますよね。

反応しなくなる理由は、鏡が「虚像」だとわかったからといわれます。「触っても感触が変だし、においもないし」ということで、「よくわからないもの。無視しよう」となったのでしょう。テレビも、最初は反応して画面の中のものを捕まえようとしていた猫が、そのうち興味をなくすことがあります。

もうひとつの仮説は、「鏡に映っているのは自分」とわかったというもの。これを「鏡像認知《きょうぞうにんち》」といい、知能や認識能力が高い証とされています。実験では霊長類数種のほか、イルカや象、豚などが鏡像認知できるとされています。猫は証明されていませんが、豚ができるなら猫にできないわけはない、と思うのは猫バカでしょうか。

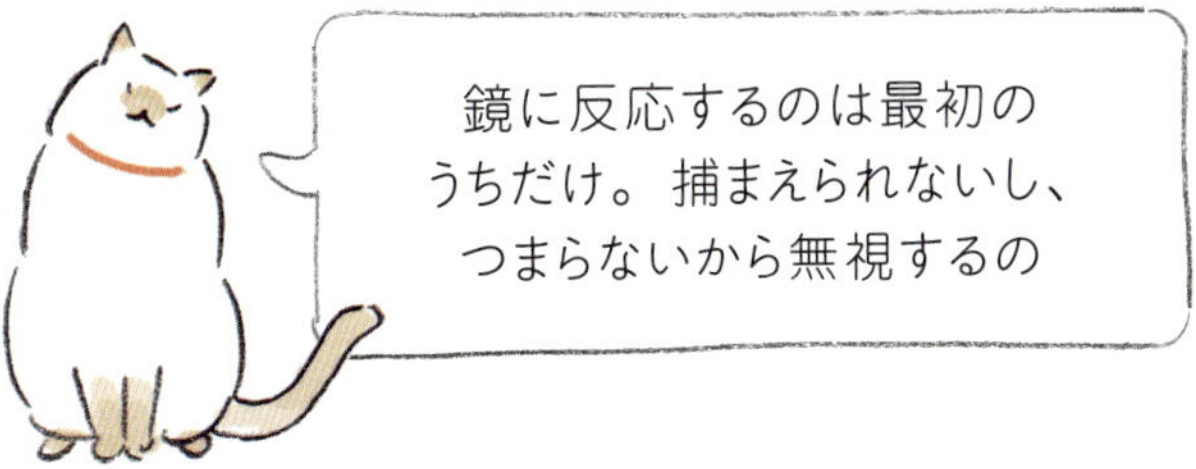
鏡に反応するのは最初の
うちだけ。捕まえられないし、
つまらないから無視するの

82　無関心

おっ
ホラホラ
お仲間だよー
男の子かな〜って
あらっ
無反応…
しーーーん
おっ
かわいこちゃん
なぉ〜ん
なぉ〜ん
へ〜…
かわいい
おじょーさ〜ん
遊びに
行かな〜い♡

猫を仲間と思っていない！

動物は、小さい頃に過ごした仲間を同類と認識します。ヒヨコは、生まれた瞬間に目の前にいた相手を母親と思い込みますが、それと似ています。普通は、生まれたときに母猫やきょうだい猫が周りにいますから、当然自分が猫と思って育ちます。これが正常な自己認識です。ですが、例えば生まれたときに自分のそばに犬しかいなかった猫は、自分を犬と思ってしまうのです！　犬の真似をして育つため行動も犬っぽくなりますし、犬のように片足を上げてオシッコをすることとすらあるといいます。おとなになって求愛する相手も猫ではなく犬。こうした、間違った自己認識を「誤解発《ごかいはつ》」といいます。

生まれたばかりで母猫と離れ、人の手で育てられた猫についても、同様のことがいえます。つまり、自分を猫でなく、飼い主と同じ人間だと思っているのです。だから、ほかの猫を見ても仲間とは思わず、反応もしないのです。

犬や人に育てられた猫は
自分のことを猫と思って
ないんだ

83 ワンコと仲良し

上って上って〜
おじゃましまーす!
あっ!
ユイ! 早く早く! 今いーところ!
何何〜?
かわいー♡
えっ?! すごい!! 一緒に寝たりするんだ 仲良いんだね!!!
すや すや〜
うん! いつも2匹で遊んだりして仲良いよ〜
うちの猫たちとは大違い…
回覧板を届けに来たご近所さんとその犬
ハッハッハッ
シャーーッ
フーー

どんな動物とも仲良くなれる

185ページのように「周りに犬しかいない」環境でなくても、小さい頃から一緒に過ごしていると相手を受け入れるようになります。猫は生後12週までに経験したものや仲良くなったものは、その後も受け入れ続けるという特性があるのです。この場合、小さい頃から犬と一緒に過ごしていれば、犬を怖がることのない猫になります。犬だけでなく人間も同じで、人に馴らすためには生後12週までに「人」と接することが大切です。

本来なら獲物となるマウスやラットも同様です。小さい頃から一緒に過ごしていれば「仲間」と感じ、大きくなっても捕らえることは少なくなります。とはいえ、本能が刺激されてガブリとやってしまう危険はありますし、猫どうしなら戯れている程度の攻撃でも、小動物にとっては致命傷となることも。ハムスターや小鳥などの小動物とは一緒にしないほうが賢明です。

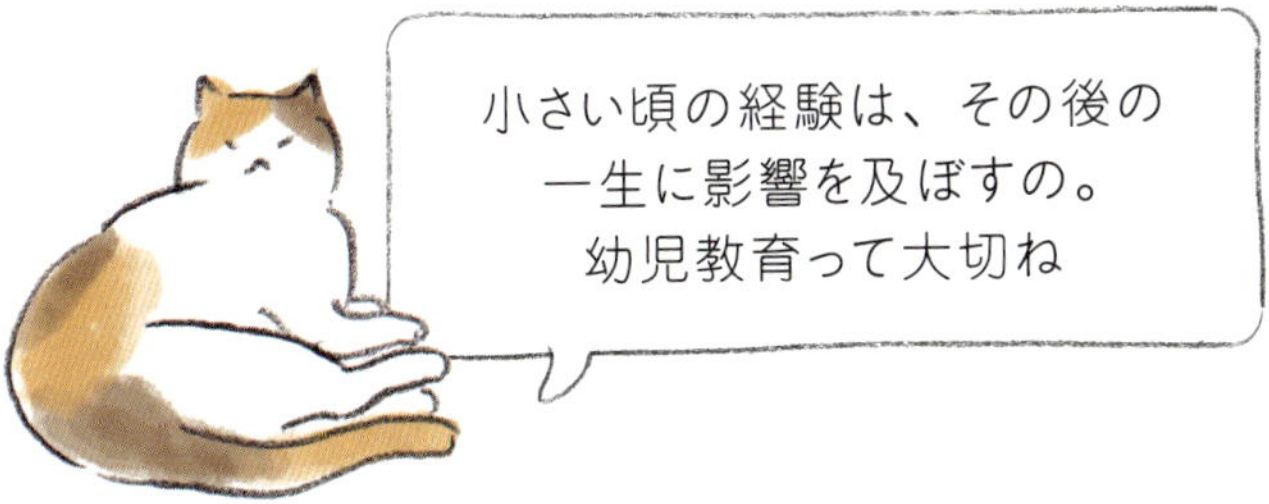
小さい頃の経験は、その後の
一生に影響を及ぼすの。
幼児教育って大切ね

84　この水が飲みたい

すた
じっ…
ちょびっと水が入っている
ぐい ぐい
ぎゅーーっ
のみのめにゃい
ぬっ…ぬけない
水はあそこに用意してあるじゃろ
おーおー
ブン ブン

新しい溜まり水は飲んでおきたい

溜まり水を見つけると「飲んでおくか」という気になるのは、半砂漠にすんでいた野生時代の名残り(79ページ参照)。ですから、コップに残っている水なども気になるのでしょう。「猫用に用意してある水と変わらないのに」と飼い主は思いますが、味見してみないと気が済まないのです。窓に付いた水滴をなめる猫もいます。

それにしても、はまって抜けなくなるほど狭い「穴」は、本能的には避けるもの。自然界でそのようなことがあったら、死を意味します。なのに、飼い猫はその本能が薄れてきているのでしょうか。「猫はヒゲで自分が通り抜けられるスペースを察知している」という話を疑いたくなりますね。

ちなみにこういうとき、前足に水を付けてなめたり、コップを倒して水をこぼしてからなめる猫は、発想の転換ができる頭のいい猫。といっても、飼い主には迷惑でしかありませんが……。

この習性を応用して、家の
あちこちに水を置けば、
たくさん飲むから健康にいいよ

85 やっぱり メスが好き

オス猫は一生メスが好き

オスもメスも、不妊手術を済ませたからといって「オスの部分」「メスの部分」がまったくなくなるわけではありません。生殖器を取ったとしても、脳がオス化、メス化しているからです。

メスがオスを必要とするのは発情期のみです。子育てには必要ないし、むしろ邪魔。オスが近づくとすごい剣幕で威嚇することもあります。一方オスは、年がら年中メスを求めています。メスが発情期になればいつでも駆けつけられるように「スタンバイOK」の状態にしておかねばなりませんし、なるべくたくさんのメスに子孫を残してもらいたいので、あちこちのメスにちょっかいを出します。27歳の老オス猫でさえ、メスの尻を追っかけていたという記録が。かくしてオスがメスに言い寄り、メスはウザがる、という図ができるのです。アタックして振られ続けるのがオスの運命。手術済のメスは決して「その気」にはなりませんから、ちょっと不憫ですね。

オスがメスにアタックし、メスはそのなかからオスを選ぶ。自然界の掟よ

マンガ・イラスト　ねこまき（ミューズワーク）

名古屋を拠点としながらイラストレーターとして活動。犬猫のゆるキャラマンガを手掛ける。著書に『まめねこ』（さくら舎）、『ねことじいちゃん』『ずぅねこ』（KADOKAWA）、『しばおっちゃん』（実業之日本社）など。愛猫は黒猫のどんぐりとトラ猫のにゃん太。
http://www.ms-work.net/

監修　今泉忠明（いまいずみ　ただあき）

哺乳動物学者。東京水産大学（現・東京海洋大学）卒業後、国立科学博物館で哺乳類の分類学・生態学を学ぶ。現在、日本動物科学研究所所長、「ねこの博物館」館長。『最新ネコの心理』（ナツメ社）、『猫はふしぎ』（イースト・プレス）、『猫語レッスン帖』（大泉書店）など、著書・監修書多数。以前の愛猫は黒猫のミミー。

企画・編集・執筆　富田園子（とみた　そのこ）

ペットの雑誌、書籍を多く手掛けるライター、編集者。日本動物科学研究所会員。担当した本に『猫とさいごの日まで幸せに暮らす本』（大泉書店）、『シュナ式生活のオキテ』（誠文堂新光社）など。愛猫はサビ猫のちゃー坊と白黒猫のまこ、サバトラのちび。

STAFF
カバー・本文デザイン　IVNO design
DTP　ZEST

マンガでわかる　猫のきもち

2023年6月14日　第12刷発行

発行者　鈴木伸也
発行所　株式会社大泉書店
〒105-0001　東京都港区虎ノ門4-1-40
江戸見坂森ビル4F
電話　03-5577-4290（代表）
FAX　03-5577-4296
振替　00140-7-1742
URL　http://oizumishoten.co.jp/
印刷・製本　株式会社シナノ

ISBN978-4-278-03959-7　C0076